베스트 프렌즈 시리즈 10

다카마쓰 · 마쓰야마

운민 지음

중앙books

CONTENTS 다카마쓰·마쓰야마

다카마쓰·마쓰야마 지도

여행이 더욱 재미있어지는 +Plus

일러두기

지역 소개 및 구성상의 특징

이 책에 실린 정보는 2026년 3월까지 입수한 내용을 바탕으로 하고 있습니다. 빠르게 급변하는 시대라 현지의 물가와 여행 관련 정보(입장료, 운영 시간, 교통 요금, 교통편 운행 시각, 숙소) 등은 수시로 바뀔 수 있습니다. 혹 바뀐 정보가 있더라도 양해 부탁드리며 변경된 내용이 있다면 아래로 연락주시기 바랍니다.
저자 이메일 ugzm@naver.com

지도에 사용한 기호

● 관광	● 식당	● 쇼핑	● 숙소	🚃 트램	🚆 철도
JR JR 기차역	**K** 고토덴	✈ 공항	● 표지물	7️⃣ 세븐일레븐(편의점)	

LOCATION
시코쿠 한눈에 보기

마쓰야마 松山
에히메현의 중심 도시로 일본에서 가장 오래된 온천 중 하나인 도고온천을 품고 있다. 성곽 위에 자리한 마쓰야마성에서는 시코쿠 평야가 내려다보이며, 소설 『도련님』의 배경지로도 알려져 문학적 향기가 짙다. 온천과 성, 바다가 어우러진 균형 잡힌 도시로 휴식과 산책이 어울리는 여행지다.

우치코 内子
전통 상업 마을과 가부키 극장이 남아 있는 역사적인 고장이다. 에도 후기와 메이지 시대 건축물이 길게 이어져 있으며, 흰 벽과 목조 건물이 어우러진 거리는 시간을 거슬러 걷는 듯한 느낌을 준다. 화려함보다는 정제된 아름다움이 돋보이는 곳으로, 마쓰야마 근교에서 가장 고즈넉한 분위기를 지닌다.

오즈 大洲
히지카와강을 따라 형성된 전통 성하마을로 '이요(에히메현의 옛 이름)의 작은 교토'라 불린다. 복원된 오즈성 천수각과 흰 벽 거리, 옛 상가 건물이 조용한 풍경을 이룬다. 화려하지는 않지만 담백하고 정갈한 분위기가 인상적이며, 지방 소도시의 정취를 깊이 느끼기에 좋다.

마쓰야마
松山
에히메현

우치코
内子

오즈
大洲

우와지마
宇和島

우와지마 宇和島
시코쿠 남서부에 자리한 항구 도시로, 바다와 성이 어우러진 조용한 지방 도시다. 해산물이 풍부한 지역답게 도미 요리와 타이메시가 유명하고, 바다를 삶의 터전으로 삼아온 어촌 문화가 지금도 이어진다. 화려하진 않지만 차분하고 담백한 매력을 지닌 곳으로, 에히메현 남부 여행의 깊이를 더해준다.

나오시마 直島 · 데시마 豊島

세토내해에 흩어진 예술의 섬으로 현대미술과 자연이 공존하는 공간이다. 베네세 하우스를 비롯한 건축과 작품이 섬 곳곳에 자리하며, 예술을 찾아 걷는 시간이 곧 여행이 된다. 데시마는 보다 고요하고 사색적인 분위기를 지니며 최고의 미술관을 지니고 있다. 섬과 예술, 바다가 어우러진 일본 감성 여행의 정수라 할 만하다.

쇼도시마 小豆島

올리브 향이 감도는 세토내해 최대의 섬이다. 온화한 기후 덕분에 일본에서 가장 먼저 올리브 재배가 시작된 곳으로, 지중해를 닮은 풍경이 펼쳐진다. 엔젤로드와 협곡, 간장 양조장 등 독특한 볼거리가 많아 자연과 로컬 문화를 함께 체험하기 좋다.

쇼도시마
小豆島

나오시마 直島 · ○
데시마 豊島

○ 다카마쓰
高松

○ 고토히라
琴平

가가와현

도쿠시마 ○
德島

도쿠시마현

고치현

○ 고치
高知

다카마쓰 高松

시코쿠 관문 도시이자 세토내해 여행의 출발점이다. 바다와 정원이 공존하는 도시로 일본 3대 정원 중 하나인 리쓰린공원을 품고 있으며, 항구 도시 특유의 여유로운 분위기가 흐른다. 쇼핑과 우동 맛집, 섬 여행까지 한 번에 즐길 수 있는 거점 도시로, 중심축 역할을 한다.

고토히라 琴平

'곤피라상'이라 불리는 고토히라궁을 중심으로 형성된 다카마쓰 근교 여행지다. 785계단을 오르는 여정은 쉽지 않지만, 정상에 닿는 순간 세토내해가 한눈에 펼쳐진다. 옛 여관과 상점이 늘어선 참배길은 에도 시대 정취를 간직하고 있으며, 신앙과 여행이 자연스럽게 이어지는 일본 특유의 문화가 남아 있다.

시코쿠
四国

Must Do List
이것만은 꼭 해보자

사누키우동
다카마쓰가 속한 가가와현의 명물, 사누키우동!
밀가루, 물, 소금으로만 반죽한 찰진 면발이 특징이며,
가케우동, 자루우동 등 다양한 스타일로 즐길 수 있다.
다카마쓰에서 기호에 맞는 나만의 인생 우동을 찾아보자. P.12

나오시마
예술의 섬 나오시마, 곳곳에서 만나는 미술품을 보며 영감 얻기 P.67

리쓰린공원
프랑스 대표 타이어 회사인 미쉐린에서 발간하는 세계적인 여행 가이드북
'미쉐린 그린 가이드'에서 3스타를 받은 리쓰린공원 산책하기 P.47

Must Do List
이것만은 꼭 해보자

쇼도시마
인기 애니메이션 '마녀 배달부 키키' 의 실사판 영화 촬영지이자
바다가 한눈에 보이는 쇼도시마 올리브공원에서
키키처럼 빗자루를 타고 사진 찍기 P.77

마쓰야마 성

현존 천수각(天守閣: 일본의 성 건축물 중 가장 크고 높은 누각) 중 하나인
마쓰야마성에 올라 마쓰야마 시내와 세토내해 전망 감상하기 P97

Must Do List
이것만은 꼭 해보자

도고온천
일본에서 가장 오래된 도고온천에서 유카타 입고 온천욕 즐기기 P.102

도고온천 상점가
도고온천역에서 도고온천 본관까지 이어지는 상점가를 걸으며, 쇼핑과 미식 즐기기 P.102

우치코 전통거리
시간이 멈춘듯 한 옛 거리를 거닐며 고즈넉한 분위기를 느껴보자 P.108

오카이도
마쓰야마 시내 한복판을 걸으며 백화점과 드러그스토어 쇼핑 즐기기. P.127

Must Eat List
다카마쓰를 맛보다

많은 사람이 우동을 먹기 위한 목적으로 들를 만큼 다카마쓰는 어디를 가든지
개성 넘치는 우동집을 흔히 발견할 수 있다. 세끼를 우동만 먹어도 충분한 도시지만,
이 도시는 우동 말고도 먹거리가 넘친다.

사누키우동
讃岐うどん

사누키우동의 '사누
키'는 다카마쓰가 속한
가가와현의 옛 이름인 '사
누키현'을 뜻한다. 옛부터 가가와
현은 연중 온난하고 비가 적게 오는 기후 특성 탓에 밀 농사
가 발달했다. 여기에 세토내해와 인접한 지리적 특성 덕분에
우동 육수의 재료인 소금과 멸치를 쉽게 구할 수 있어 우동의
본고장이 되기 위한 최적의 요건을 갖추고 있다. 사누키우동
은 굵고 매끈한 면발로 유명하며 일본 전국을 넘어 우리나라
에서도 상당한 명성을 가지고 있다. 토핑과 냉우동과 온우동,
재료에 따라 다양한 스타일이 있으며 같은 종류라도 가게마
다 맛과 면의 식감이 각기 다르다. 다카마쓰가 자리한 가가와
현 전역 어디서든 우동가게를 쉽게 만날 수 있다.

사누키우동의 본고장답게 곳곳에서 만날 수 있는
사누키우동 기념품들

호네츠키도리(뼈 있는 닭다리 구이)
骨付鳥

굵직한 닭다리를 뼈째 구워 내는 사누키식 닭요리로, 가
가와현을 대표하는 향토 음식이다. 강렬하면서도 중독성
있는 맛으로 많은 사랑을 받고 있다. 닭다리에 마늘과 후추,
버터, 특제 양념을 듬뿍 더해 겉은 바삭하게, 속은 육즙 가득하게
구워 내는 것이 특징이다. 한입 베어 물면 고소한 기름 향과 짭짤하면
서도 깊은 감칠맛이 동시에 퍼지며, 씹을수록 육즙이 터져 나오는 풍부한 맛이 입안을 채
운다. '노계(오야; おや)'와 '영계(히나; ひな)'로 나뉘어 각각 쫄깃한 식감과 부드러운 식
감을 고를 수 있어 취향에 따라 즐기는 재미도 크다.

사누키 닭요리
讃岐の鶏料理

일본에는 지역별로 독특한 풍미와 육질을 가진 토종닭(지도리) 브랜드를 가지고 있다. 가가와현에는 특산물인 올리브를 사료로 먹여 키운 올리브지도리(オリーブ地鶏)가 있다. 지역 고유 품종인 '사누키 코친(讃岐コーチン)'을 개량해 키운 닭으로, 육질이 탄탄하면서도 지방이 부드럽게 퍼지는 깊은 맛이 특징이다. 구이, 튀김, 샤부샤부, 닭전골 등 다양한 방식으로 즐길 수 있으며, 조리법에 따라 담백한 맛부터 진한 풍미까지 폭넓게 경험할 수 있다. 또한 지역 브랜드 닭으로 알려진 '사누키 코친' 역시 감칠맛이 뛰어나 현지 식당과 이자카야에서 사랑받고 있다.

쇼도시마 올리브
小豆島のオリーブ

온화한 기후와 풍부한 햇살 아래에서 자란 쇼도시마 올리브는 풍미와 향이 뛰어나, 다양한 지역 요리에 활용되며 섬의 식문화를 상징하는 중요한 존재가 되었다. 올리브오일을 듬뿍 사용한 파스타와 샐러드는 물론, 신선한 해산물과 고기 요리에 더해져 감칠맛을 높여 주며, 가가와현을 대표하는 닭요리나 현지 채소와 만나면 더욱 풍부한 맛을 만들어낸다.

다카마쓰 수제버거
高松グルメバーガー

세토내해의 신선한 식재료와 지역 감성을 더해 개성 넘치는 맛을 만들어내는 다카마쓰 수제버거는 최근 현지에서 주목받는 새로운 미식 트렌드 중 하나다. 기본적인 햄버거의 틀 위에 지역 특산물이나 아이디어를 더해 독창성을 살린 것이 특징이다. 육즙 가득한 패티 위에 가가와현산 채소, 향긋한 올리브오일, 가벼운 세토내해 스타일의 소스를 곁들여 다카마쓰에서만 느낄 수 있는 특별한 풍미를 완성한다.

가와라센베이
瓦せんべい

기와(瓦)를 닮은 독특한 모양에서 이름이 붙은 가와라센베이는 가가와현과 시코쿠 지역을 대표하는 향토 과자로, 오래도록 사랑받아 온 전통 간식이다. 바삭하고 단단한 식감이 특징이며, 한입 베어 물면 고소한 밀향과 은은한 단맛이 천천히 번져 아이부터 어른까지 누구나 부담 없이 즐길 수 있다. 지역마다 모양과 문양이 조금씩 다른데, 다카마쓰와 인근 지역에서는 관광지나 상징물을 형상화해 지역성을 담아내기도 한다.

Must Eat List
마쓰야마를 맛보다

온천의 도시 마쓰야마는 따뜻한 물만큼이나 사람의 마음을 풀어주는 음식이 가득한 곳이다.
세토내해의 신선한 바다 풍미가 살아 있는 타이메시(도미덮밥)를 비롯해, 소박하지만 깊은
맛을 전하는 냄비우동, 달콤한 봇짱당고까지 전통과 일상의 맛이 자연스럽게 어우러진
음식들은 여행의 여유와 따뜻함을 한층 더해준다.

타이메시(도미밥)
松山鯛めし

마쓰야마가 속한 에히메현의 명물 요
리로, 신선한 도미와 고슬고슬한 밥
이 만나 만들어내는, 정갈하고 깊
은 맛이 인상적인 음식이다. 크
게 마쓰야마식과 우와지마식
2가지로 나뉘는데 마쓰야마
식은 갓 잡은 도미를 통째로
올려 밥과 함께 천천히 지어
낸 '솥밥' 형태다. 도미의 감칠 맛과 향이 밥알 하나하나에 스며
들어 세련된 바다의 풍미를 느낄 수 있는 점이 특징이다. 우와
지마식 타이메시는 익히지 않은 신선한 도미를 회로 떠 뜨
거운 밥 위에 얹어 특제 양념장, 날달걀과 함께 비벼 먹는
'회덮밥' 형태다. 신선한 도미의 쫄깃한 식감과 고소한 맛을
즐길 수 있는 점이 특징이다.

우와지마식 타이메시

마쓰야마식 타이메시

마쓰야마 냄비우동
松山鍋焼きうどん

알루미늄 냄비에 담겨 나오는데 소박하면서도 정감 가득한 음식이다. 맑고 깊은 국물 속에 쫄깃한 면발과 어묵,
달걀, 파, 튀김 등이 정성스럽게 담겨 있으며, 펄펄 끓는 상태로 제공된다. 뜨거운 온기 덕분에 한 숟갈만 떠 넣

어도 몸과 마음이 동시에
풀리는 듯한 편안함을 준
다. 달콤하면서도 진한 국
물은 어린 시절 먹던 따뜻
한 가정식 같은 친근함을
지녀 현지인들에게도 오
랜 기간 사랑을 받아온 음
식이다.

봇짱당고
坊っちゃん団子

나쓰메 소세키의 소설 〈봇짱〉에서 이름을 따온 화과자로, 마쓰야마의 문학적 분위기와 따뜻한 정서를 함께 담고 있는 디저트다. 작고 동그란 경단 세 개가 한 꼬치에 꽂혀 있으며, 녹차·달걀·팥 등 세 가지 맛이 층층이 어우러져 알록달록한 색감만으로도 시선을 사로잡는다. 한입 베어 물면 부드럽고 쫀득한 식감과 은은한 단맛이 퍼지며, 달콤하지만 과하지 않아 누구나 부담 없이 즐길 수 있다.

자코텐
じゃこ天

세토내해에서 잡힌 작은 생선을 뼈째 갈아 넣고 두툼하게 빚어 튀겨낸 어묵튀김으로, 바삭함과 쫄깃함이 동시에 살아 있는 독특한 식감이 매력이다. 한입 베어 물면 고소한 생선 향과 진한 감칠맛이 퍼지면서, 단순한 튀김을 넘어 '바다를 그대로 담은 요리'라는 표현이 어울릴 만큼 깊은 풍미를 전한다. 갓 튀겨낸 자코텐을 따끈한 상태로 먹으면 담백하면서도 풍부한 맛을 즐길 수 있고, 살짝 구워 술안주로 곁들이거나 반찬으로 즐겨도 좋다.

타르트
松山タルト

마쓰야마의 달콤한 명물 디저트 중 하나인 타르트는 우리가 흔히 떠올리는 서양식 타르트와는 전혀 다른 독특한 일본식 과자로, 에히메 지역만의 개성과 이야기를 담고 있다. 부드러운 카스텔라 반죽을 얇게 말아 그 안에 팥소와 유자 향이 나는 달콤한 앙금을 넣은 형태로, 한입 베어 물면 폭신한 식감과 함께 상큼한 유자 향이 은근하게 퍼지며 깔끔한 단맛이 입안을 채운다. 과하지 않은 단맛 덕분에 차와 함께 즐기기 좋고 어린아이부터 어른까지 누구나 부담 없이 맛볼 수 있다.

감귤주스
みかんジュース

'감귤의 왕국'이라 불리는 에히메현을 대표하는 맛, 감귤주스는 마쓰야마 여행에서 빼놓을 수 없는 상징적인 음료다. 햇살 좋고 온화한 기후에서 자란 에히메 감귤은 당도와 산미의 균형이 뛰어나, 한 모금 마시는 순간 상큼함과 달콤함이 동시에 입안을 가득 채운다. 종류에 따라 진하게 눌러 짜낸 농축된 맛부터 가볍고 산뜻한 스타일까지 다양해 취향에 맞는 주스를 고르는 즐거움도 크다. 도고온천 상점가 내 카페와 상점, 기념품 숍은 물론, 공항과 역에서도 쉽게 만날 수 있어 여행 내내 곁에 두고 즐기기 좋다.

⁰³
Must Eat List
지역 특산물과 함께 즐기는 시코쿠의 맛

혼슈, 규슈, 홋카이도와 함께 일본 열도를 이루는 4대 본섬 중 하나인 시코쿠(四国)는 도쿠시마,
가가와, 에히메, 고치 등 4개 현으로 구성돼 있어 다양한 지역별 특산물과
개성 있는 향토 요리로 유명하다. 진한 육수와 강렬한 풍미로 사랑받는 도쿠시마 라멘,
불 향과 바다의 감칠맛이 살아 있는 가쓰오 다타키, 세토내해가 품은 신선한 해산물과
지역 식재료가 더해진 다양한 향토 요리까지 두루 맛보자.

도쿠시마 라멘
徳島ラーメン

최근 우리나라 편의점에도 진출했고 도쿠시마뿐
만 아니라 시코쿠의 다른 도시에서도 쉽게 만날
수 있는 라멘이다. 진하게 끓여낸 돼지 뼈 육수를
기본으로 간장, 된장, 소금 등 다양한 베이스가 더
해지지만, 무엇보다 깊고 진한 갈색 빛깔의 국물이
만들어내는 농후한 맛이 가장 큰 특징이다. 여기에
얇게 썬 돼지고기, 날달걀, 숙주와 파가 더해지면 풍
부한 감칠맛과 구수한 향이 어우러져 입안 가득 묵직
한 만족감을 준다.

가쓰오 다타키
かつおのたたき

본고장인 고치뿐만 아니라 시코쿠를 대표하는 바
다의 맛을 가장 드라마틱하게 느낄 수 있는 요리
가 바로 가쓰오 다타키다. 갓 잡은 가쓰오의 겉면
을 센불로 재빠르게 그슬려 속은 거의 생으로 남
기고, 겉에는 은은한 불 향을 입히는 독특한 조리
법이 특징이다. 한 점을 입에 넣으면 먼저 숯불이
남긴 향긋한 스모키 향이 퍼지고, 이어 촉촉하고
부드러운 가쓰오의 감칠맛이 깊게 전해지며, 바다
의 신선함이 입안 가득 살아난다.

야키니쿠
焼肉

야키니쿠는 일본 전역에서 사랑받는 국민 외식 문화이
자, 여행 중 만났을 때 더욱 특별하게 느껴지는 인기 메
뉴다. 얇게 썬 고기를 불판 위에 올리면 육즙이 배어 나
오며 지글지글하는 소리가 식욕을 자극하고, 적당히 구
워 소스에 찍어 먹으면 고기의 풍미와 단짠(달고 짠맛)
의 조화가 입안을 가득 채운다. 레스토랑마다 사용하는
소스와 고기 부위, 굽는 스타일이 달라 취향에 맞게 즐길
수 있다는 점도 큰 매력이다. 최근 야키니쿠를 무한정 즐
길 수 있는 무한 리필 식당도 곳곳에 생기고 있다.

스시
寿司

일본 어디서나 만날 수 있는 음식이지만, 시코쿠에서 만나는 스시는 또 다른 매력이 있다. 세토내해를 비롯해 풍요로운 바다를 품은 이 지역은 신선한 해산물의 보고로, 갓 잡아 올린 생선이 지닌 단단한 식감과 깊은 감칠맛을 가장 신선한 상태로 즐길 수 있다. 참치나 연어 같은 익숙한 재료뿐 아니라, 지역 어장에서만 만날 수 있는 제철 생선을 올린다. 점도 큰 즐거움이다. 깔끔하고 단정한 초밥 한 점 속에는 바다와 시간, 요리사의 정성이 함께 담겨 있다. 근처 프랜차이즈나 덜 알려진 스시야에서 나만의 맛을 찾아보자.

소바
蕎麦

일본의 일상 음식이자 깊이 있는 전통을 담은 소바는, 단순한 메밀국수를 넘어 일본 음식 문화의 정수를 느낄 수 있는 대표적인 면 요리다. 메밀 특유의 고소한 향과 담백한 맛을 살려 만들며, 한입 넘기는 순간 은은한 풍미가 퍼지면서 깔끔하고 담백한 여운을 남긴다. 차갑게 즐기는 자루소바는 탱탱한 면발과 시원한 쯔유 소스가 어우러져 상쾌한 맛을 전해주고, 따뜻한 소바는 부드럽고 편안한 국물 맛이 몸과 마음을 동시에 녹여준다. 지역에 따라 사용하는 메밀, 반죽 비율, 국물 스타일이 달라 개성 있는 맛을 경험할 수 있다는 점도 큰 매력이다. 도쿠시마의 이야소바를 비롯해 동네마다 맛있는 소바집이 널려 있다.

나폴리탄 스파게티(나포리탄)
ナポリタン

이탈리아 요리처럼 보이지만, 사실은 일본에서 탄생해 전국적으로 사랑받는 '일본식 서양 요리'의 대표 메뉴가 바로 나폴리탄 스파게티다. 토마토소스 대신 케첩을 사용해 달콤하면서도 짭짤한 맛을 내는 것이 가장 큰 특징이다. 볶은 양파와 피망, 베이컨이 듬뿍 들어가 부드러운 면과 함께 조화를 이루며 친근하면서도 중독성 있는 맛을 완성한다. 화려하거나 복잡하지 않지만, 한입 먹는 순간 마음 속 향수를 자극하는 따뜻한 맛이 느껴져 현지인들에게도 오랫동안 사랑받아 왔다. 카페나 경양식점, 오래된 레스토랑에서 특히 자주 만날 수 있으며, 가볍게 한 끼 식사로 즐기기에도 부담이 없다.

＋Plus 나만의 인생 우동을 찾아라! 다카마쓰 우동 투어

골목길에 자리 잡은 동네 우동집에서부터 역에서 20~30분은 족히 걸어야 닿는 시골 우동집까지, 다카마쓰 사람들에게 우동은 그야말로 일상이다. 가게별 시그니처 우동을 직접 맛보며, 자신만의 우동 투어를 떠나보자.

우동 가게 종류

(일반점) 일반 음식점과 동일한 주문 시스템으로, 가게에 들어가 자리에 앉으면 직원이 주문을 받고 음식을 가져다준다.

(셀프점) 가게에 들어가면 쟁반을 들고 사이드 메뉴를 고른 후 우동을 주문하는 시스템으로, 저렴하고 빠르며 대부분 선불로 운영된다.

(제면소) 제면을 만들어 판매하는 공장 한쪽에서 식사할 수 있는 곳으로, 셀프 서비스 형태로 운영되며 교통이 불편한 외곽에 위치하지만 가격대가 저렴하고 빠르게 나온다는 장점이 있다.

사누키우동을 주문하는 방법 5단계

❶ 우동 종류 선택
먼저 먹고 싶은 우동을 고른다. 가케우동(국물 우동), 붓가케우동(차가운 간장 소스), 가마타마우동(계란 비빔) 등 메뉴 이름을 말하며 주문한다.

❷ 면의 양 선택
보통 소(小)·중(中)·대(大)로 나뉜다. 가게에 따라 1玉(이치타마), 2玉(니타마)처럼 면 덩어리 수로 주문하기도 한다.

❸ 튀김과 사이드 메뉴 선택
우동을 받은 뒤 옆에 진열된 튀김 코너에서 덴푸라(튀김), 어묵, 주먹밥 등을 집어 접시에 담는다.

❹ 토핑 추가
파, 덴카스(튀김 부스러기), 생강 등을 토핑으로 올린다. 가게에 따라 김이나 레몬 등을 제공하기도 한다.

❺ 계산 후 자리에서 식사
마지막에 계산하고 자리에 앉아 먹는다. 식사를 마치면 식기를 반납대에 가져다 두는 것이 일반적이다.

대표적인 우동 메뉴

가케우동 かけうどん

가장 기본이 되는 우동으로, 따뜻한 다시 국물에 삶은 우동 면을 담아낸 형태이며, 간단하면서도 담백한 맛이 특징이다.

덴푸라우동 天ぷらうどん

따뜻한 가케우동 위에 새우튀김이나 채소튀김을 얹어 내는 우동이다.

가마타마우동 釜玉うどん

갓 삶아낸 뜨거운 면 위에 날달걀을 얹고 간장을 뿌려 비벼 먹는 스타일로, 크리미한 맛이 일품이다.

자루우동 ざるうどん

삶은 면을 찬물에 헹군 후 대나무 발 위에 올리고 차가운 쯔유에 찍어 먹으며, 깔끔하고 시원한 맛이 특징이다.

붓가케우동 ぶっかけうどん

진한 간장 베이스의 소스를 면 위에 부어 먹는 우동으로, 차갑게 또는 따뜻하게 즐길 수 있다.

니쿠우동 肉うどん

달콤 짭짤한 간장 양념에 졸인 소고기를 얹은 우동이며, 국물은 가케쯔유를 기본으로 한다.

가마아게 우동 釜揚げうどん

삶은 면을 헹구지 않고 그대로 뜨거운 물에 담아 따뜻한 쯔유에 찍어 먹는 스타일이다.

카레우동 カレーうどん

따뜻한 우동 국물에 일본식 카레 소스를 더한 메뉴로, 걸쭉하고 진한 카레의 풍미가 느껴진다.

01
Must Buy List
일본의 대표적인 쇼핑 스폿

단순한 쇼핑 공간을 넘어 '현지의 생활'을 가장 직접적으로 느낄 수 있는 곳이다.
화장품과 생활용품, 건강식품부터 지역에서만 맛볼 수 있는 간식과 음료까지 종류가 무궁무진해
구경하는 재미가 쏠쏠하고, 가격도 비교적 합리적이다.

편의점

일본 여행에서 가장 자주 마주치게 되는 쇼핑 공간이자, 여행자의 일상에 가장 가까이 스며드는 곳이 바로 편의점이다. 세븐일레븐, 패밀리마트, 로손이 대표적인 3대 브랜드로, 각 매장이 도시 곳곳에 촘촘히 자리해 언제 어디서든 부담 없이 들를 수 있다. 신선한 샌드위치와 도시락, 품질 좋은 디저트와 커피, 지역 한정 상품까지 종류가 놀라울 만큼 다양하며 가벼운 식사부터 간식, 기념품 쇼핑까지 모두 해결 가능하다. 또한 복사, 택배, 티켓 발권, ATM, 화장실까지 생활 밀착형 서비스도 알차게 갖추어 여행 중에도 실용적으로 활용할 수 있다. 매장은 늘 깔끔하고 정돈되어 편안하게 쇼핑할 수 있으며, 친절한 응대 덕분에 외국인 여행자들도 편리하게 이용할 수 있다.

대형 쇼핑몰

여행 중 한 번쯤은 자연스럽게 발길이 향하는 곳이 있다면, 바로 대형 쇼핑몰이다. 역과 바로 연결된 복합 몰부터 도심 외곽에 자리한 거대한 쇼핑 단지까지, 일본의 대형 몰은 쇼핑·식사·엔터테인먼트를 한 공간에서 모두 즐길 수 있는 완성도 높은 생활 문화 공간이다. 이온몰(AEON MALL), 라라포트(Lalaport), 유메타운(Youme Town) 등이 대표적이며, 패션 브랜드와 라이프스타일 숍, 캐릭터 스토어, 전자기기 매장까지 다양한 구성 덕분에 취향에 맞는 쇼핑이 가능하다. 각 쇼핑몰에는 무인양품, 유니클로, 닛토리 같은 생활 브랜드와 로프트, 도큐핸즈 같은 잡화숍, 애니메이션·굿즈 전문점 역시 여행자의 발길을 붙잡는다. 대형 푸드코트와 카페, 레스토랑이 함께 모여 있어 식사까지 한 번에 해결할 수 있고, 넓고 쾌적한 실내 환경 덕분에 날씨 걱정 없이 편안하게 시간을 보낼 수 있다.

생활용품점

일본의 생활용품점은 일상 속 편리함과 품질, 디자인까지 고루 갖춘 '생활 업그레이드 공간'이라 할 수 있다. 가장 대표적인 브랜드는 미니멀한 감성과 안정적인 퀄리티로 사랑받는 무인양품(MUJI), 가성비 좋은 수납·가구 제품을 폭넓게 갖춘 닛토리(NITORI), 이온몰에 자리 잡은 각종 브랜드가 있다. 이곳에서는 주방용품, 욕실·세탁용품, 수납 박스, 청소 도구, 침구류 등 실제로 집에서 바로 활용 가능한 실질적인 생활 아이템을 만날 수 있다. 단순히 물건을 사는 곳이 아니라 '생활을 더 편리하고 아름답게 만드는 방법'을 제안하는 공간에 가깝다. 제품의 내구성과 기능성이 뛰어나 오래 사용할 수 있고, 디자인 또한 깔끔해 한국으로 가져와도 바로 활용할 수 있다.

저가형 잡화점

저가형 잡화점은 저렴한 가격으로 다양한 소품을 즐길 수 있는 '보물찾기 같은 쇼핑 공간'이다. 대표 브랜드로는 전국 어디서나 만날 수 있는 다이소(DAISO), 감각적인 디자인과 합리적 가격을 동시에 잡은 세리아(Seria), 실용적인 일상용품을 폭넓게 갖춘 캔두(CanDo) 등이 있다. 여기에 300엔 균일가 콘셉트로 패션 액세서리·생활소품·전기 가전까지 폭넓게 다루는 쓰리코인즈(3COINS)도 큰 인기를 얻고 있다. 이곳에서는 문구류, 인테리어 소품, 여행용 미니템, 수납 소품, 키친 소품처럼 작지만 유용한 물건을 다양하게 만날 수 있다. 무엇보다 부담 없는 가격 덕분에 가볍게 담다 보면 자연스럽게 바구니가 채워지는 매력이 있다.

드러그스토어

일본 여행에서 유혹적인 쇼핑 공간 중 하나가 바로 드러그스토어다. 건강보조식품, 의약품, 화장품, 생활용품까지 한곳에서 모두 만날 수 있는 복합형 매장으로, 합리적인 가격과 다양한 상품 구성 덕분에 여행자들의 '필수 쇼핑 코스'로 자리 잡았다. 대표 브랜드로는 전국적으로 지점이 많은 마쓰모토키요시(マツモトキヨシ), 폭넓은 상품 구성과 가격 경쟁력이 강점인 돈키호테(ドン・キホーテ), 깔끔한 매장 운영이 돋보이는 쓰루하 드럭(ツルハドラッグ), 지역 밀착형 서비스가 강한 스기약국(スギ薬局) 등이 있다. 일본에서만 판매되는 전용 화장품, 인기 의약품, 효자템 생활용품을 한자리에서 만날 수 있으며, 면세 대응 매장이 많아 쇼핑 만족도도 높다.

애니메이션·굿즈 숍

일본 여행에서 빼놓을 수 없는 즐거움 가운데 하나는, 애니메이션과 캐릭터 굿즈를 만나는 시간이다. 다카마쓰와 마쓰야마에서도 이를 충분히 즐길 수 있는 전문 매장이 자리하며 팬들에게는 작은 성지 같은 공간이 된다. 가장 대표적인 곳은 다양한 공식 굿즈와 서적, CD, 캐릭터 상품을 폭넓게 만날 수 있는 애니메이트(Animate)로, 최신 인기작부터 고정 팬층을 지닌 작품까지 라인업이 탄탄하다. 여기에 〈점프〉 작품을 좋아하는 팬이라면 놓칠 수 없는 점프 숍(JUMP SHOP: ジャンプショップ), 최근 오픈해 더욱 화제가 되고 있는 포켓몬센터까지 세대와 취향을 초월해 사랑받는 공간으로, 한정판 굿즈와 체험형 매장이 주는 즐거움이 크다.

02
Must Buy List
실패 없는 일본 쇼핑 아이템

킷캣(KitKat)
キットカット
킷토캇토

편의점이나 마트, 돈키호테 등지에서 가장 흔하게 만날 수 있는 선물용 간식. 녹차 맛, 딸기 맛 등 일본에만 있는 한정판이 다양하다.

골든 카레(Golden Curry)
ゴールデンカレー
고루덴 카레

일본의 대표적인 카레 브랜드. 한국에 와서도 일본에서 먹던 맛을 그대로 재현해준다.

돈베이 유부우동
日清のどん兵衛 きつねうどん
돈베키츠네우동

굵고 쫀득한 우동면과 커다란 유부가 인상적인 '닛신'에서 손꼽히는 우동라면이다.

코로로 젤리(구미)
コロロ（グミ）

포도처럼 동그랗게 생긴 젤리. 탱글탱글한 젤리를 씹으면 입안에 과일의 상쾌함이 퍼진다.

가루비 자가리코
じゃがりこ（カルビー）

바삭하고 기분 좋은 식감을 지닌 감자스낵. 다양한 맛이 있어 골라 먹는 재미가 있다.

하이츄
ハイチュウ

일본 유명 제과 브랜드인 모리나가 제과의 소프트캔디. 우리나라의 '마이쮸'와 비슷한 식감이다.

포키(Pocky)
ポッキー
뽀끼

얇은 프레첼 스틱에 초콜릿을 코팅한 일본 국민 과자. 지역, 시즌 한정 등 맛이 다양하다.

DHC 딥 클렌징 오일
DHC ディープクレンジングオイル
DHC디푸쿠렌징구오이루

잘 지워지지 않는 메이크업과 더러움을 효과적으로 제거하는 클렌징 오일.

LuLuLun 마스크팩
ルルルン フェイスマスク
루루룬페에스 스쿠

여행으로 지친 피부에 촉촉한 수분감을 채워주는 마스크팩.

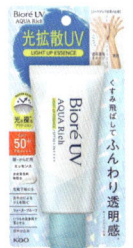

비오레 UV 아쿠아 리치
ビオレ UV アクアリッチ
비오레UV아쿠아릿치

자외선 차단에 효과적인 아이템. 자외선 차단제품의 특성인 끈적임이나 번들거림이 없고 보송하면서도 산뜻한 질감이라 좋다.

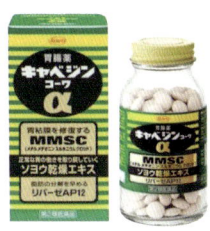

코와 카베진 위장약
キャベジンコーワα
캬베진코와

대표적인 위장약으로, 과식, 야식, 기름진 음식을 섭취 후 더부룩함을 빠르게 진정하는 데 특화된 제품이다.

고바야시제약 아이봉
アイボン(小林製薬)
아이본

드러그스토어를 대표하는 눈 세정액으로, 장시간 이동과 미세먼지, 렌즈 착용 등으로 피로해진 눈을 부드럽게 씻어내는 제품이다.

오타이산 위장약
太田胃散
오타이산

분말형 위장약의 대표 주자로, 과식과 체함, 속쓰림 등 소화 불편을 빠르게 완화하는 데 초점을 둔 제품이다.

로이히 동전파스
ロイヒつぼ膏
로이히츠보코

작고 둥근 모양이 동전을 닮아 붙은 이름처럼 혈자리에 붙여 쓰는 국소 진통 파스다.

이케다모한도 모기패치
ムヒパッチ(池田模範堂)
무히팟치

벌레 물렸을 때 진정해주는 패치. 가려운 부위를 긁지 않도록 보호하면서 가려움과 부기를 완화해주는 방식이라 인기가 높다.

키노메구미 아시리라 수액 시트
足リラシート 木の恵み
아시리라시토

잠들기 전 발바닥에 붙이는 수액 시트. 발의 피로감을 완화하는 보조 케어 제품으로 쓰인다.

고바야시 1방울 변기 탈취제
1滴消臭元 トイレ用
세이야쿠잇테키쇼슈겐토이레요

용변을 보기 전 변기물에 단 1방울만 떨어뜨려도 불쾌한 냄새를 빠르게 잡아주는 변기 탈취제. 최근 우리나라 SNS에서 인기가 높아지면서 일본에 가면 꼭 사 와야 하는 필수 아이템이 되었다.

Must Buy List

시코쿠의 매력이 가득 담긴 특산품

우동 뇌 인형

우동 뇌 인형은 가가와현을 상징하는 로컬 캐릭터로, 머릿속이 전부 사누키우동으로 가득 찬 귀엽고 위트 있는 마스코트다. 다카마쓰 여행의 재미와 지역성을 모두 담은 인기 기념품이다.

우동 뇌 스티커

사누키우동 감성을 귀엽고 위트 있게 담아낸 로컬 굿즈로, 표정과 문구가 다양해 관광객들에게 인기가 많다.

우동 뇌 버터와플

귀여운 우동 뇌 캐릭터 패키지에 담은 달콤한 캐러멜 버터 과자로, 선물용으로도 좋다. 가가와 감성이 가득한 지역 한정 스위츠다.

야돈 사누키우동 세트

포켓몬 인기 캐릭터 야돈과 가가와현 사누키우동이 만난 지역 한정컬래버 상품으로, 맛과 재미를 함께 즐길 수 있는 다카마쓰 대표 기념품이다.

야돈 쿠키

귀여운 포켓몬 캐릭터 야돈을 콘셉트로 한 지역 한정 스위츠다. 상자부터 개별 포장까지 사랑스러운 디자인과 달콤한 맛 덕분에 선물용으로도 인기 있는 마스코트 과자다.

야돈 감자 스낵

포켓몬 야돈을 모티프로 한 지역 한정 간식으로, 바삭한 식감에 우동 다시 풍미가 더해져 가가와다운 맛과 귀여운 재미를 함께 즐길 수 있는 인기 기념품이다.

야돈 카레우동

귀여운 포켓몬 야돈과 진한 카레 국물이 만난 지역 한정 우동으로, 재미와 풍미를 함께 즐길 수 있는 가가와 대표 컬래버 상품이다.

야돈 올리브오일

쇼도시마산 올리브로 만든 엑스트라 버진 오일에 귀여운 야돈 디자인을 더한 지역 한정 상품으로, 선물용으로도 인기 있는 가가와 대표 컬래버 아이템이다.

야돈 후리가케

귀여운 야돈 디자인에 우동 다시 풍미를 담은 가가와 한정 밥 토핑이다. 밥이나 우동 위에 뿌려 간편하게 지역의 맛을 즐길 수 있는 인기 아이템이다.

쇼도시마 절인 올리브

신선한 쇼도시마산 올리브를 소금에 숙성해 담백하면서도 깊은 풍미를 살린 가가와 대표 특산물로, 와인이나 요리와 함께 즐기기 좋은 기념품이다.

호네츠키도리 과자

가가와현의 명물 '호네츠키도리' 맛을 콘셉트로 만든 바삭한 센베로, 짭짤한 풍미와 지역 스토리를 함께 즐길 수 있는 다카마쓰 대표 선물용 과자다.

유자 타르트

상큼한 유자 향과 부드러운 단맛이 어우러진 지역 한정 디저트로, 고급스러운 포장과 맛 덕분에 선물용으로도 인기 있는 마쓰야마 대표 과자다.

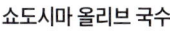

쇼도시마 올리브 국수

올리브 산지 쇼도시마의 풍미를 담은 부드럽고 깔끔한 맛의 소면으로, 집에서도 간편하게 지역의 맛을 즐길 수 있는 인기 기념품이다.

쇼도시마 올리브 초콜릿

쇼도시마의 상징인 올리브를 콘셉트로 만든 지역 한정 스위츠로, 부드러운 단맛에 은은한 올리브 향이 더해져 특별한 맛과 스토리를 함께 선물할 수 있는 인기 기념품이다.

모케케 인형

길쭉한 몸과 개성 넘치는 표정이 매력적인 캐릭터로 인기를 끌고 있다. 지역 한정 디자인과 컬러가 더해져 수집욕을 자극한다. 시코쿠 한정판 인기 기념품 중 하나다.

미깡 캐릭터 인형

에히메현의 특산물인 감귤 캐릭터 '미깡'을 모티프로 만든 귀엽고 포근한 로컬 마스코트 인형으로, 지역 감성이 듬뿍 담긴 인기 기념품이다.

INFORMATION
일본 국가 정보

- **국가명** 일본(日本)
- **수도** 도쿄(東京)
- **인구** 약 1억 2,229만 명(2024년 10월 기준). 다카마쓰와 마쓰야마가 속한 시코쿠 인구는 약 356만 명(2024년 3월 기준).
- **지리** 혼슈(本州), 홋카이도(北海道), 시코쿠(四国), 규슈(九州) 등 4개의 큰 섬으로 이루어진 일본 열도(日本列島)와 이즈·오가사와라 제도(伊豆·小笠原諸島), 지시마 열도(千島列島), 류큐 열도(琉球列島)로 구성된 섬나라다.
- **면적** 약 377,973km². 시코쿠 면적은 약 18,800km²
- **언어** 일본어
- **시차** 한국과 시차는 없음.
- **통화** ¥(엔)/¥100=약 950원 (2026년 3월 기준)
- **전압** 100V(멀티 어댑터 필요)
- **국가번호** 81
- **비자** 한국인은 관광, 친족 방문 등 90일 이내 단기 체류 시 비자 없이 입국이 가능하다. 유효한 여권을 소지해야 하며, 입국 전 일본 정부의 공식 웹서비스인 비짓 재팬 웹(Visit Japan Web)에서 입국 심사 및 세관 신고를 등록한 후 승인되면 최대 90일까지 체류 가능하다. 단, 워킹홀리데이나 취업 등 장기 체류 시에는 별도 비자가 필요하다.

날씨

우리나라처럼 사계절이 비교적 뚜렷하며, 온화한 세토내해(瀬戸内海) 기후의 영향으로 연중 날씨가 안정적인 편이다. 특히 3~5월 봄철과 10~11월 가을철은 기온이 쾌적하고 강수량도 적어 여행하기에 가장 좋은 시기로 여겨진다. 6~8월 여름에는 낮 기온이 크게 오르고 습도마저 높아 체감 더위가 심하므로, 장시간 야외 관광은 다소 부담스러울 수 있다. 6월은 장마, 8~9월은 태풍의 영향을 받을 수 있으므로 일정을 여유롭게 잡는 편이 좋다. 겨울철에는 영상 기온을 유지하는 날이 많아 서울보다 덜 춥게 느껴지고, 두꺼운 방한복이 없어도 될 정도로 온화한 겨울을 보낼 수 있다.

공휴일

일본에서는 법정 공휴일을 '국민 모두가 축하하는 기념일'이라는 의미로 '슈쿠지쓰(祝日)'라 칭한다. 4월 하순에서 5월 초순 사이 골든 위크(ゴールデンウィーク; Golden Week), 9월 중하순 실버 위크(シルバーウィーク; Silver Week), 법정 공휴일은 아니지만 대체로 직장인들에게 명절 휴가를 주는 8월 중순 오본(お盆; 일본 명절), 연말연시는 일본 최대 여행 성수기이므로, 이 기간에는 호텔 숙박비가 폭등하고 예약 또한 어려워진다. 여행 시기를 선택할 수 있는 폭이 넓다면, 가능한 한 이 시기는 피하는 것이 좋다. 공휴일이 주말과 겹칠 경우 대체 휴일이 적용되어 그다음 날이 휴일이 된다.

1월 1일 설날

1월 둘째 주 월요일 성인의 날

2월 11일 건국기념일

2월 23일 일왕탄생일

3월 20일 또는 21일 춘분(春分)의 날

4월 29일 쇼와의 날

5월 3일 헌법기념일

5월 4일 녹색의 날

5월 5일 어린이날

7월 셋째 주 월요일 바다의 날

8월 11일 산의 날

9월 셋째 주 월요일 경로의 날

9월 22일 또는 23일 추분(秋分)의 날

10월 둘째 주 월요일 체육의 날

11월 3일 문화의 날

11월 23일 노동 감사의 날

※ 이 외에도 직계 왕족의 경조사가 있는 날에는 임시로 법률을 제정하여 임시공휴일로 지정한다.

화폐 및 신용카드

일본의 화폐 및 현금 사용

일본의 화폐 단위는 엔(¥, Yen)이다. 화폐 종류로는 1,000엔, 2,000엔, 5,000엔, 10,000엔 등 4가지 지폐와 1엔, 5엔, 10엔, 50엔, 100엔, 500엔 등 6가지 동전이 있다. 자판기에서는 고액 지폐나 1엔, 5엔과 같은 소액 단위는 사용할 수 없다. 일본 현지에서 카드와 간편결제 사용이 증가함에 따라 한국에서 무리하게 환전해 가는 방식은 더는 유효하지 않다. 트래블로그, 트래블월렛 등 선불식 충전카드와 간편결제 서비스인 토스(toss)를 이용한 환전 또한 널리 활용된다. 환전 수수료가 없을 뿐 아니라 충전 시 매매 기준율로 환전되므로 상당한 비용을 절약할 수 있다. 또한 큰 금액의 현금을 직접 소지할 필요가 없어 여행자의 부담을 덜 수도 있다. 만약의 경우에 대비해 비상금 정도의 소액만 은행 애플리케이션을 통해 환전 신청 후 가까운 은행 영업점이나 인천공항 내 은행 환전소에서 수령하면 된다. 토스카드를 이용하면 미리 환전해둔 돈을 가까운 세븐일레븐 ATM에서 수수료 없이 언제든 편리하게 인출할 수 있다. 현지에서 현금이 필요하다면 트래블로그나 트레블월렛을 통해 ATM 출금을 하면 된다.

신용카드 사용

개인이 운영하는 작은 상점을 제외한 대부분의 쇼핑 명소에서는 신용카드 사용이 가능하나, 음식점은 아직 카드 사용이 제한적인 곳이 많다. 신용카드 브랜드로는 비자, 마스터카드, 아메리칸 익스프레스, JCB, 은련카드(Union Pay) 등을 사용할 수 있다. 다만 해외에서 사용 가능한 조건인지 미리 확인해두어야 한다. 카드 사용 시에는 카드 뒷면의 서명이 반드시 있어야 하며, 실제 전표에 서명할 때도 동일한 서명을 사용해야 한다. 신용카드의 현금서비스나 체크카드로 현금 인출 시에는 일본 우체국 유초은행(ゆうちょ銀行)과 세븐일레븐 내 세븐은행(セブン銀行) ATM을 이용하면 편리하다. 트래블로그와 토스카드는 세븐은행(セブン銀行) ATM에서, 트래블월렛은 이온(イオン) ATM에서 인출할 경우 수수료가 면제된다.

통신수단

로밍 서비스

데이터 제공량에 따라 다르지만, 기간을 정하여 데이터를 무제한으로 사용할 수 있으며, 보통 하루 1만 원 내외다. 국내 통신사 SKT, KT, LG U+ 등에서 모두 실시하며, SKT, KT, LG U+ 통신망을 사용하는 알뜰폰이라면 로밍 서비스를 이용할 수 있다.

포켓 와이파이

기기를 소지하면서 와이파이를 무제한으로 사용할 수 있으며, 저렴한 가격에 여러 명이 하나의 기기에 접속해 사용할 수 있어 가성비가 좋은 통신수단이다. 다만, 기기를 직접 수령하고 여행을 마친 후 지정된 장소에 반납해야 한다는 불편함이 있다.

심카드

일본 국내에서만 사용 가능한 유심칩(심카드; SIM Card)을 구매하는 방법도 있다. 휴대폰에 삽입돼 있는 한국 유심칩을 제거하고 일본 전용 유심칩을 장착한 후, 설명서에 따라 설정하면 간편하게 데이터를 이용할 수 있다. 일반적으로 온라인에서 판매하는 심카드는 5~8일 동안 1GB 또는 2GB의 데이터를 5G나 4G 속도로 제공하며, 그 외에는 3G 속도로 무제한 이용할 수 있다. 최근에는 유심칩 교체 없이 온라인에서 상품을 구매한 후 판매자가 제공하는 QR 코드나 정보를 입력하여 설치하면 즉시 개통되는 이심(eSIM)이 널리 쓰인다.

> **Tip** ATM 찾는 법
>
> 현재 위치에서 가장 가까운 ATM을 찾으려면 구글 맵스(Google Maps) 검색창에 'ATM'을 입력하면 된다. 현지 은행일수록 수수료가 비싼 편이며, 보유한 카드 조건에 따라 수수료가 면제되는 곳도 있다.

+Plus 요즘 일본 여행, 이런 점이 달라졌다

일본은 현금 사용 비중이 높은 나라다. 현재도 현금 사용 비중이 57%(2024년 기준)에 이를 정도로 높은 편이나 최근 몇 년 사이 일본은 카카오페이, 네이버페이 같은 간편결제 시스템 도입과 콘택트리스 카드 보편화에 힘입어 현금 중심 사회에서 캐시리스(Cashless) 사회로 발 빠르게 전환하고 있다. 이와 같이 결제 방식의 디지털 전환뿐만 아니라 관광 인프라 확충, 예약 시스템 보편화 또한 신속하게 진행되고 있다. 여행자라면 반드시 알아두어야 할 일본 여행의 주요 변화를 살펴보자.

1. 신용카드 사용의 보편화, 간편결제 등 결제 방식의 다변화

개인 여행객을 중심으로 카드 결제, 셀프 계산대, 온라인 예약, 모바일 서비스 활용이 점차 보편화되고 있다. 두드러진 변화는 신용카드와 간편결제를 지원하는 업소가 늘어났다는 점이다. 편의점, 드러그스토어, 대형 쇼핑몰은 물론 우동 전문점, 이자카야, 카페 등 중소 규모 음식점에서도 카드 및 QR코드 결제가 가능한 곳이 점차 증가하고 있다. 교통 IC카드(ICOCA 계열)와 QR 결제를 함께 지원하는 매장 또한 늘어나, 예전처럼 현금을 필수로 챙겨야 하는 불편함은 상당히 해소되었다. 물론 여전히 현금만 고집하는 노포(老舗) 우동집도 있지만, 전반적인 추세는 현금 의존도를 줄여나가는 방향으로 나아가고 있다. 최근에는 환전 및 해외 결제 수수료 없이 외화를 미리 충전하여 결제할 수 있는 선불형 충전카드가 큰 인기를 얻고 있다. '트래블로그 체크카드(마스터카드)'와 '트래블월렛 트래블페이(비자카드)'가 대표적이다. 카드를 발급받아 전용 애플리케이션에 엔화를 충전하면 일본 현지에서 체크카드처럼 사용할 수 있고, ATM에서 현금 인출도 가능하다. 카드를 긁

거나 꽂을 필요 없이 기기에 갖다 대기만 해도 결제가 완료되는 '콘택트리스 결제' 시스템은 편리함을 더한다. 트래블로그는 세븐일레븐 편의점 내에 비치된 세븐뱅크 ATM, 트래블월렛은 이온(AEON) 또는 미니스톱 편의점 ATM에서 인출 시 수수료가 무료다. 구글 맵스(Google Maps)에서 세븐뱅크는 'seven bank', 이온은 'aeon bank'로 검색하면 된다.

시내 편의점과 슈퍼마켓에서는 셀프 계산대(セルフレジ) 도입이 빠르게 확산되고 있다. 직원이 상품을 스캔한 뒤 손님이 직접 결제하는 방식과 손님이 스캔부터 결제까지 모두 진행하는 완전 무인 셀프 계산 방식이 병행되고 있다. 결제 화면에서 일본어는 물론 영어 등 다양한 언어 선택이 가능한 기기가 늘어남에 따라, 일본어에 익숙하지 않은 여행자도 비교적 쉽게 이용할 수 있다. 처음에는 다소 낯설게 느껴질 수도 있으나, 화면 안내에 따라 진행하면 그리 어렵지 않다. 특히 소액 결제 시에는 직원과 소통 없이도 신속하게 계산할 수 있어 매우 편리하다.

이러한 변화는 계산 대기 시간을 단축하고 인력 운영 효율을 증대하기 위한 시도로, 앞으로도 셀프 계산대는 더욱 늘어날 가능성이 크다.

트래블로그 체크카드

트래블월렛 트래블페이

일본 세븐뱅크 ATM

2. 일본에서도 사용할 수 있는 네이버페이와 카카오페이

최근 일본 내 해외 QR결제 지원이 확대됨에 따라, 한국 여행객들이 주로 이용하는 네이버페이와 카카오페이를 사용할 수 있는 매장이 증가하고 있다. 두 서비스 모두 일본의 주요 QR결제망과 연동되므로 별도의 현지 결제 애플리케이션을 설치하지 않고 한국에서 사용하던 방식 그대로 결제할 수 있다는 장점이 있다.

네이버페이와 카카오페이는 일본의 대표적인 QR결제 서비스인 페이페이(PayPay) 및 일부 멀티 QR결제 시스템과 연동되어 사용 가능하다. 따라서 편의점, 드러그스토어, 대형 쇼핑몰, 일부 음식점, 카페, 기념품점 등에서 QR결제 로고가 보이면 비교적 편리하게 이용할 수 있다.

이용 방법은 간단하다. 네이버페이 또는 카카오페이 애플리케이션을 실행하여 '결제'나 'QR결제' 메뉴에서 생성된 QR코드를 매장 직원에게 제시하거나, 매장에 비치된 QR코드를 스캔하여 결제하면 된다. 국내 사용 방식과 거의 동일하므로 쉽게 이용할 수 있고, 결제 금액은 연결된 카드나 계좌를 통해 원화로 자동 환산되어 청구된다.

다만 주의할 점도 있다. 일본 전역의 모든 매장에서 사용 가능한 것은 아니며, 특히 소규모 개인 운영 음식점, 전통 상점, 시골 지역에서는 지원이 제한적인 경우가 많다. 또한 일부 매장에서는 PayPay 로고가 있더라도 해외 QR결제 연동이 되지 않는 경우가 있으므로, 결제 전에 직원에게 'QR코드 결제 가능 여부'를 확인하는 것이 좋다.

> **Tip** 네이버페이·카카오페이 주요 사용처
> 세븐일레븐, 로손, 패밀리마트, 마츠모토 키요시, 돈키호테 등 드러그스토어, 이온(Aeon)몰, 유메타운, 맥도날드, 도토루 커피, 마쓰야마성 로프웨이 상점가, 도고온천 상점가 일부 기념품점, JR 다카마쓰역 기념품 코너 일부 등

네이버페이·카카오페이 이용 방법

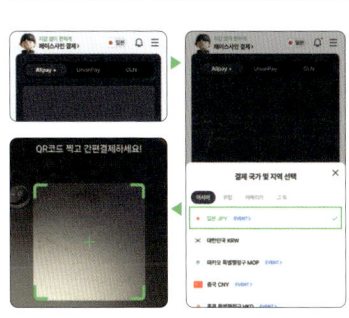

N pay 결제 방법

❶ 네이버페이 애플리케이션에서 해외 결제가 가능한 카드 등록
❷ 결제 국가 지역 선택에서 '일본 JPY'를 클릭
❸ '알리페이 플러스' 또는 '유니온 페이'를 선택해 바코드를 찍거나 QR스캔으로 결제 진행

pay 결제 방법

❶ 카카오톡 내 카카오페이 창을 열어 '결제' 클릭
❷ 화면 상단 오른쪽 첫 번째 지구본 아이콘 클릭
❸ 국가/지역 선택에서 '일본' 클릭
❹ 바코드 또는 QR스캔으로 결제 진행

   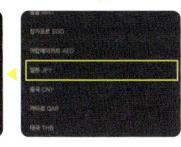

3. 실내 금연 원칙 강화

다카마쓰를 비롯한 세토내해 연안 중소 도시에서도 최근 몇 년간 실내 금연 원칙이 뚜렷하게 강화되고 있다. 호텔 로비와 객실은 대부분 전면 금연이 기본이며, 흡연이 가능한 경우 별도의 흡연실을 마련하는 것이 일반적이다. 과거 흡연이 가능했던 이자카야나 소형 바(Bar), 선술집 등도 점차 금연으로 전환되는 추세여서 실내에서 자유롭게 흡연할 수 있는 장소는 크게 줄었다. 따라서 흡연자는 매장 입구에 부착된 금연·흡연 가능 표시를 확인하거나 흡연실 유무를 미리 문의하는 것이 좋다. 일부 업소에서는 건물 외부에 소규모 흡연 공간을 마련해두기도 하니 참고하자. 이러한 변화는 쾌적한 실내 환경을 중시하는 일본 사회 전반의 흐름과 맞물려 여행자 입장에서도 음식점과 숙박 시설 이용 시 쾌적함을 느낄 수 있게 한다.

4. 예약 시스템 활용 증가

다카마쓰와 마쓰야마 지역의 맛집 또한 전화 예약 위주에서 점차 웹 예약, 구글 맵스 연동 예약, QR 코드 예약을 병행하는 추세다. 특히 관광객이 즐겨 찾는 우동 전문점, 항구 인근 레스토랑, 호텔 내 식당 등은 성수기에는 대기 시간이 길어질 수 있으므로 사전 예약이 더욱 유용하다. 구글 맵스에서 음식점을 검색했을 때 예약 버튼이 표시되는 경우도 있고, 일부 매장은 공식 홈페이지나 SNS에서 예약을 접수한다. 혹은 타베로그(食べログ), 핫페퍼(Hot Pepper), 구루나비(ぐるなび) 등 식당 예약 사이트를 이용하면 된다. 일본어로 예약하는 것이 부담스럽다면, 예약 버튼이 있는 매장을 선택하는 것이 비교적 쉽게 예약하는 방법이다. 이러한 변화 덕분에 여행자는 현장에서 긴 대기 시간을 피하고 더욱 효율적으로 일정을 관리할 수 있다.

[타베로그] tabelog.com/kr [핫페퍼] hotpepper.jp [구루나비] gurunavi.com

타베로그

핫페퍼

구루나비

5. 모바일 택시 애플리케이션 사용 가능

카카오택시(카카오T), 우티(UT) 등 모바일 차량 배차 서비스는 다카마쓰와 마쓰야마에서도 점차 널리 사용되는 추세다. 두 도시에서 이용할 수 있는 대표적인 애플리케이션으로는 고(GO)와 우버 (Uber)가 있다. 도쿄만큼 다양한 애플리케이션이 활발하게 운영되지는 않지만, 고(GO)와 우버는 비교적 안정적으로 이용할 수 있어 여행 중 택시 호출 수단으로 유용하다.

애플리케이션을 내려받아 한국 전화번호로도 가입할 수 있으므로, 출국 전 미리 설치하고 회원 가입을 해두면 편리하다. 한국어 지원은 제한적이거나 제공되지 않는 경우가 많아 영어로 이용해야 하지만, 목적지 입력 및 호출 방식이 직관적이므로 사용법은 어렵지 않다.

특히 고(GO)와 우버는 별도의 일본 전용 애플리케이션을 새로 설치하지 않아도 된다는 장점이 있다. 카카오택시 애플리케이션을 실행하면 일본에서는 자동으로 고(GO) 서비스로 전환되고, 우티 (UT) 애플리케이션을 실행하면 우버와 연동해 이용할 수 있다. 다시 말해, 한국에서 사용하던 방식 그대로 카카오택시는 고(GO)를, 우티는 우버를 이용할 수 있으므로 별도로 새로운 이용법을 익힐 필요가 없다.

다카마쓰와 마쓰야마에서는 특히 비가 오는 날이나 야간 이동 시, 혹은 짐이 많은 경우 모바일 택시 호출 서비스가 유용하다. 역 주변이나 호텔 앞에서 택시를 잡기 어려운 상황에서도 애플리케이션을 이용하면 쉽게 차량을 호출할 수 있다.

결제 방식은 서비스마다 다르다. 고(GO)와 우버는 사전에 등록한 카드로 결제하는 것이 기본이며, 경우에 따라 현지 택시 기사에게 현금으로 결제할 수도 있다. 카카오택시는 사전에 등록한 카드를 주 결제 수단으로 이용할 수 있다.

한국에서 쓰던 애플리케이션 그대로 사용하기

카카오T는 일본에서 GO 사용

UT는 일본에서 Uber 사용

Photo by Mohamed Jamil Latrach on Unsplash

ACCESS
다카마쓰·마쓰야마공항 입국 정보

시코쿠 여행의 관문 역할을 하는 공항으로, 규모는 작지만 이용이 편리하다는 장점이 있다. 국내선과 국제선 모두 단일 터미널에서 운영되므로, 입국 심사, 수하물 수취, 세관으로 이어지는 동선이 짧아 이동이 용이하다.

1. 공항 입국

다카마쓰공항 高松空港

시코쿠 북부 가가와현 다카마쓰시에 있는 다카마쓰공항은 시코쿠 지역 여행의 관문 역할을 한다. 도심과 비교적 가까워 이동이 편리하며 국내·국제 항공편을 모두 취급하는 단일 터미널 구조를 갖추고 있다. 입국 심사, 수하물 수취, 세관 통과 동선이 짧아 여행객의 부담을 덜어주며, 공항 로비에서 버스, 택시, 렌터카 등 다양한 교통편을 이용하여 다카마쓰 시내와 시코쿠 각지로 빠르게 이동할 수 있다. 진에어와 에어서울이 인천공항과 다카마쓰공항을 1시간 40분 내외로 각각 주 7회 왕복 운항한다(2026년 2월 기준). 2026년 3월 31일부터는 에어부산이 김해공항과 다카마쓰공항을 주 3회 왕복 운항 예정이다.

우동의 고장답게 공항 안에 수도꼭지를 틀면 우동 육수가 나오는 독특한 시설이 있다.

마쓰야마공항 松山空港

마쓰야마공항은 에히메현의 현청 소재지이자 시코쿠 서부 중심 도시인 마쓰야마 시내에서 남서쪽으로 약간 떨어진 곳에 있으며, 시코쿠 지역에서 이용객이 가장 많고 에히메현을 대표하는 항공 관문이기도 하다. 일본 국내선과 국제선을 함께 운영하는 단일 터미널 구조이며, 규모는 작지만 시설이 효율적으로 배치되어 입국 심사, 수하물 수취, 세관 통과 동선이 비교적 단순하고 이용이 편리하다. 제주항공이 매일 2회 인천공항과 마쓰야마를 1시간 25분 내외로 운항하며 부산에서는 에어부산이 주 7회 1시간 5분 내외로 왕복 운항한다(2026년 2월 기준).

입국 절차

검역
↓
입국 심사
↓
수하물 찾기
↓
세관 검사
↓
입국 게이트 도착

Tip 워크스루(Walk-through) 게이트

2025년 한일 국교 정상화 60주년을 맞이하여 한·일 양국 간 입출국을 더욱 신속하고 간편하게 하기 위해 도입한 시스템이다. 2025년 4월 하네다공항 2·3터미널, 나리타공항 3터미널, 간사이공항 1·2터미널을 시작으로 자동 출입국 제도를 확대하고 있다. 공동 키오스크에서는 여권, 지문, 비짓 재팬 웹(Visit Japan Web) QR코드 제출 및 얼굴 사진 촬영을 한 번에 처리할 수 있으며, 워크스루 게이트는 사전 입력 정보를 안면 인식 기술로 판독하여 여권 제출 없이 통과만으로 심사가 완료되도록 설계되었다. 따라서 특별한 문제가 없는 외국인이라면, 키오스크 이용 후 입국 심사관에게 여권만 제시하고 통과한 뒤, 세관 검사 워크스루 게이트까지 통과하면 모든 절차가 신속하게 마무리된다.

비짓 재팬 웹 (Visit Japan Web, VJW)

코로나19 팬데믹 이후 여행이 재개되면서, 일본 정부는 입국 심사·세관 신고 정보를 온라인으로 사전 등록하고, 각 절차를 QR코드로 대체하는 'Visit Japan Web' 서비스를 시행하고 있다. 입국 전 웹사이트에서 계정을 생성하고 정보를 등록하면 된다. 탑승편 도착 예정 시각 6시간 전까지 모든 절차를 완료해야 하며, 입국 당일 수속 시 QR코드를 제시하면 된다.

홈페이지 services.digital.go.jp/ko/visit-japan-web (한국어 지원)

2. 공항에서 시내로 들어가기

다카마쓰공항 → 시내

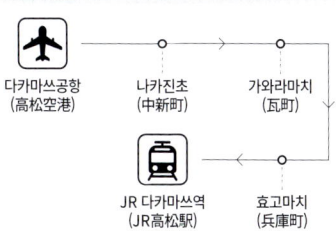

공항 앞에서는 다카마쓰 시내와 고토히라(琴平), 마루가메(丸亀) 등 근교 도시를 잇는 리무진 버스가 수시로 운행되고 있다. 입국 심사를 마치고 나오면 바로 안내 데스크 쪽에 리무진 버스 승차권 자판기가 있다. 한국어도 지원하며, 목적지와 인원을 입력하고 금액을 지불한 뒤 승차권을 받아 승차장으로 이동하면 된다. 다카마쓰 시내 방면 버스는 승객이 어느 정도 차면 출발하는 시스템이며, 가와라마치까지는 35분, 다카마쓰역까지는 45분 정도 걸린다.

홈페이지 www.takamatsu-airport.com/access/bus/index.php

마쓰야마 공항 → 시내

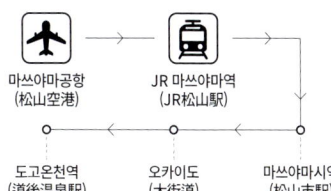

공항 밖 승차장으로 나오면 바로 마쓰야마 시내행 리무진 버스를 탈 수 있다. 버스 승차장에 있는 발매기에서 승차권을 구매하면 된다. 콘택리스 카드로 결제하면 요금이 조금 더 저렴하다. JR 마쓰야마역까지는 15분 정도 소요되며 오카이도(大街道), 도고온천(道後温泉)까지 각각 30분, 40분 정도 걸린다. 돌아갈 때도 비슷한 경로로 공항에 갈 수 있다.

홈페이지 www.iyotetsu.co.jp/bus/global/kr

3. 도시별 이동하기

일본 내 다른 도시에서 기차를 타고 다카마쓰·마쓰야마로 이동하기

다카마쓰와 마쓰야마는 일본의 주요 4개 섬(혼슈, 홋카이도, 규슈, 시코쿠) 중 유일하게 신칸센이 다니지 않지만, 혼슈 서부에 위치한 오카야마(岡山)에서 두 도시를 잇는 직통 열차가 자주 운행된다.

| 일본 내 다른 도시 | ↔ | 다카마쓰 |

다카마쓰는 시코쿠 북부의 관문 도시이자, 혼슈와 철도로 이어진 유일한 시코쿠 도시다. 도쿄, 나고야, 교토, 오사카 등 일본 주요 대도시에서 산요 신칸센을 타고 오카야마에 도착한 후, JR 세토오하시선(瀬戸大橋線)으로 갈아타고 다카마쓰로 향한다. 오카야마 ↔ 다카마쓰 구간은 쾌속열차인 '마린라이너'가 자주 다니며, 약 55분 정도 걸린다. 세토대교를 지나는 동안 열차 안에서 세토내해와 섬들이 펼쳐진 아름다운 경치를 만끽할 수 있다.

간사이 지역에서 출발할 때도 마찬가지다. 오사카에서 신칸센을 타고 오카야마까지 간 다음, 마린라이너로 바꿔 타면 된다. 총 소요 시간은 3시간 정도다. JR 패스 소지자는 추가 요금 없이 이동할 수 있어 편리하다. 다카마쓰역은 항구와 시내 중심가와 가까워 도착 후 이동하기도 편하다.

| 일본 내 다른 도시 | ↔ | 마쓰야마 |

마쓰야마는 시코쿠 서부의 주요 도시로, 기차로 갈 때는 다카마쓰를 거치는 경우가 많다. 도

쿄, 오사카, 교토 등에서 산요 신칸센을 타고 오카야마까지 간 후, 특급 '시오카제(しおかぜ)'를 이용하면 다카마쓰를 거쳐 마쓰야마까지 한 번에 갈 수 있다. 오카야마 ↔ 마쓰야마 구간은 2시간 40분 정도 걸리며, 시코쿠 북부 해안을 따라가는 노선이다. 간사이 지역에서 출발하면 총 4시간 정도 걸리는데, 비행기보다 시간이 더 걸리지만 도심에서 바로 이동할 수 있다는 이점이 있다. 히로시마 등 혼슈 서부 도시에서도 오카야마를 거쳐 가는 것이 일반적이며, 기차로도 충분히 갈 수 있다.

시코쿠 내 다른 도시에서 마쓰야마로 이동할 때는 특급열차가 중심 역할을 한다. 다카마쓰에서는 '시오카제', 고치에서는 '아시즈리(あしずり)', 도쿠시마에서는 환승을 거쳐 마쓰야마로 이동한다. 이동 시간은 다소 길지만, 시코쿠 특유의 산과 바다 풍경을 차분히 즐길 수 있는 것이 특징이다.

히로시마에서 페리를 타고 마쓰야마까지 이동하기(히로시마항→다카하마항)

히로시마는 물론 후쿠오카 등 일본 서부 지역에서 육로로 이동할 경우, 히로시마 시내 남쪽에 자리한 히로시마항(廣島港)에서 출발해 에히메현 다카하마항(高浜港)으로 운항하는 페리를 이용하면 된다. 고속선 '슈퍼 제트'는 약 1시간 10분, 일반 페리는 약 2시간 40분이 소요되며, 하루에 여러 편 운항한다. 승선 시 여권은 확인하지 않고 승선권만 있으면 바로 탑승 가능하다. 다카하마항에 도착한 후에는 이요테쓰 열차를 타고 마쓰야마 시내까지 20분 정도면 갈 수 있으며, 오카이도와 도고온센 등 주요 관광 명소로도 쉽게 이동할 수 있다.

① 히로시마 시내에서 전차 1·5·7호선을 타고 히로시마항역(広島港駅)에서 하차
② 히로시마항에서 페리를 타고 다카하마항에서 15분 간격으로 운행하는 다카하마역(高浜駅)행 버스를 타고 역에서 하차
③ 다카하마역에서 이요철도 다카하마선(高浜線, 노선 기호 IY)를 타고 종점 마쓰야마시역(松山市駅)에서 하차

한국과 달리 기본 운임과 더불어 추가 요금이 별도로 부과된다. 목적지까지 이동하려면 우선 거리와 구간에 따른 승차권(기본 운임)을 구매해야 하며, 열차 종류와 좌석 형태에 따라 추가 요금이 발생한다.

좌석 형태	특징
지정석(指定席)	·좌석 번호가 사전에 지정된 좌석 ·승차권 외에 지정석권을 추가로 구매해야 하며, 좌석이 보장되므로 성수기나 장거리 이동에 적합하다.
자유석(自由席)	·좌석 지정 없이 자유롭게 빈자리에 앉는 방식 ·좌석이 없을 시 입석으로 이동해야 할 수도 있다.
특급권(特急券)	·특급열차 이용 시 부과되는 추가 요금 ·'시오카제', '이시즈치' 등 특급열차는 일반 열차에 비해 정차역이 적고 이동 속도가 빠르므로, 승차권과 함께 특급권을 반드시 구매해야 한다. 특급권은 자유석용과 지정석용으로 나뉘며, 지정석 선택 시 해당 좌석 요금이 포함된다.

결론적으로 일본에서 특급열차의 지정석을 이용하려면 승차권과 특급권(지정석 포함)을 모두 구매해야 한다. JR 패스 소지자는 대부분의 열차에서 승차권과 특급권이 포함되며, 지정석 또한 무료로 예약할 수 있어 장거리 이동에 특히 유용하다.

+Plus 시코쿠 특급열차 알아보기

세토내해의 잔잔한 바다와 깊은 산맥이 공존하는 시코쿠에서는 열차 여행의 매력이 더욱 특별하다. 섬 곳곳을 잇는 특급열차는 다카마쓰와 마쓰야마 등 시코쿠 각지를 연결하며 여행자의 발이 되어준다. 때로는 바다를 따라, 산을 넘어 달리는 풍경이 시코쿠다운 여유를 전한다.

1. 시오카제 しおかぜ

JR 시코쿠의 특급열차 중 하나로, 요산선을 따라 오카야마역에서 마쓰야마역까지 1시간 간격으로 운행한다. 9·10·21·22호 열차는 호빵맨 열차로 운행하며, 이때 1호차는 호빵맨 시트다. 일반 열차는 커브 구간에서 속도를 줄이지만, 이 열차는 원심력을 이용하여 커브 구간에서 차체를 기울여 속도를 유지할 뿐만 아니라 기존 속도보다 10~15km/h 정도 더 빠르게 달릴 수 있다.

3. 우와카이 宇和海

마쓰야마역에서 우치코선을 경유하며, 우와지마역까지 에히메현의 주요 도시들을 지난다. 일부 열차는 특급 시오카제/이시즈치와 연계해 운행한다.

2. 이시즈치 いしづち

요산선 다카마쓰역에서 마쓰야마역까지 운행하는 특급열차로, 시코쿠 최고봉인 이시즈치산(石鎚山)의 이름을 따왔으며 05:00~20:00까지 매 시간 운행한다. 틸팅 열차를 사용하므로 커브 구간에서 원심력을 이용하여 차체를 기울여 속력을 줄이지 않는다.

4. 선라이즈 이즈모·선라이즈 세토
サンライズ出雲·サンライズ瀬戸

도쿄역에서 이즈모시와 다카마쓰역을 한 번에 잇는 침대열차로, 심야 시간대에 운행한다. 현재 일본에 남아 있는 유일한 정규 침대열차로, 도카이도 본선 전 구간을 완주한다. 인기가 많아 사전 예약이 필수다.

시코쿠의 해안선을 따라 달리는 특급열차 시오카제

+Plus ## 시코쿠 여행에서 유용한 패스

시코쿠 여행에서는 JR과 사철을 적절히 이용하면 이동이 한결 수월하다. 여러 도시를 둘러볼 계획이라면 다양한 패스를 활용해 보자. 여행 스타일에 맞는 패스를 선택하면 교통비를 아끼면서 더욱 편리하게 이동할 수 있다.

JR 올 시코쿠 레일 패스(ALL SHIKOKU Rail Pass)

JR 시코쿠에서 발행하는 외국인 전용 철도 패스로, 지정된 기간 동안 시코쿠 지역의 JR 노선을 자유롭게 이용할 수 있는 교통 패스다. 시코쿠 내 이동 비중이 큰 여행자에게 특히 유용하며, 장거리 이동이 잦을수록 비용 절감 효과는 더욱 크다. 패스는 3일·4일·5일·7일권 등 다양한 기간으로 나뉘며, 특급열차(시오카제, 이시즈치, 아시즈리 등)와 보통열차를 모두 이용할 수 있다. 지정석 또한 추가 요금 없이 예약이 가능하므로 성수기나 주말 이동 시에도 안정적이다. 단, 신칸센과 사철(이요테쓰·고토덴 등)은 이용할 수 없다. 구입은 일본 입국 전 온라인(홈페이지 참고) 또는 현지 교환 방식으로 가능하며, 이용 시 여권 제시가 필요하다. 다카마쓰 ↔ 마쓰야마처럼 이동 거리가 긴 일정이나 시코쿠 여러 도시를 순회하는 여행이라면 일반 승차권을 개별 구매하는 것보다 훨씬 효율적이다.

유효기간 내 무제한 승하차가 가능한 노선

· JR 시코쿠(시코쿠여객철도회사)의 전 노선 및 도사쿠로시오철도 전 노선의 특급열차, 보통·쾌속열차의 보통차 자유석
· 아사카이간철도 전 노선, 도사덴교통의 노면전차 전 노선.
· 쇼도시마 페리의 다카마쓰 ↔ 도노쇼 간의 페리 항로
· 쇼도시마 올리브 버스의 노선 버스
※ 신칸센, 이요테쓰, 고토덴은 사용 불가함.

승차·승선이 불가한 노선·열차

· 선라이즈 세토호 및 봇짱열차
· 쇼도시마 페리 고속정 및 다카마쓰 ↔ 도노쇼 간 항로 외 노선
· 쇼도시마 올리브 버스를 제외한 버스 노선
· JR 세토오하시선 고지마역 북쪽 오카야마역 방면(고지마역 남쪽 방면만 이용 가능)
※ 유효하지 않은 구간을 포함하여 여행할 경우 해당 구간에 대한 운임 및 요금 추가 지불 필요.

홈페이지 shikoku-railwaytrip.com **요금** [3일권] 성인 ¥12,000, 어린이(6~11세) ¥6,000, [4일권] 성인 ¥15,000, 어린이 ¥7,500, [5일권] 성인 ¥17,000, 어린이 ¥8,500, [7일권] 성인 ¥20,000, 어린이 ¥10,000

JR 가가와 미니 레일&페리 패스(KAGAWA Mini Rail&Ferry Pass)

가가와현을 중심으로 철도와 페리를 함께 이용할 수 있게끔 구성된 외국인 여행자 전용 교통 패스다. 짧은 일정으로 다카마쓰 시내와 인근 섬 지역을 여행하는 이들에게 적합하다. 현내에 위치한 JR 보통·특급열차는 물론 고토덴 사철, 쇼도시마행 페리, 올리브 버스까지 모두 이용 가능하다. 다카마쓰 근교를 여행하는 이들에게 적합한 교통 패스다.

유효기간 내 무제한 승하차가 가능한 노선

· 시코쿠 여객 철도 회사선 중 요산선의 다카마쓰 ↔ 간온지, 고토쿠선의 다카마쓰 ↔ 히케타, 도산선의 다도쓰 ↔ 고토히라 간의 특급열차 및 쾌속, 보통열차의 보통차 자유석
· 다카마쓰 고토히라 전기 철도선 전 노선
· 쇼도시마 페리 다카마쓰 ↔ 도노쇼 간 페리 항로
· 쇼도시마 올리브 버스 전 노선

승차·승선이 불가한 노선·열차

· 선라이즈 세토호
· 쇼도시마 페리 고속선 및 다카마쓰 ↔ 도노쇼 간 이외 항로
· 쇼도시마 올리브 버스를 제외한 각 회사의 버스 노선

홈페이지 shikoku-railwaytrip.com **요금** [2일권] 성인 ¥6,000, 어린이(6~11세) ¥3,000

TRANSPORTATION
지역 교통 정보

1. 다카마쓰

버스

고토덴 버스(ことでんバス)를 중심으로 운행하며, JR 다카마쓰역, 다카마쓰항, 가와라마치 등 시내 주요 거점과 관광지를 촘촘히 연결한다. 노선은 도심 순환과 교외 방면으로 나뉘어 있어, 짧은 거리를 이동하거나 비가 오는 날, 짐이 있을 때 유용하다. 요금은 구간제이며 탑승 거리에 따라 달라진다. 승차 시에는 정리권을 뽑고, 하차 시에는 전면 요금표에서 해당 번호의 요금을 확인하여 지불한다. 현금 외에도 IC 카드(이루카 IruCa 등)를 사용할 수 있어 거스름돈 없이 편리하며, 차량 뒷문 승차, 앞문 하차 방식이 일반적이다.

주요 관광지로의 접근성도 뛰어나다. 리쓰린공원, 야시마, 다카마쓰성(다마모공원) 등은 시내버스로 이동할 수 있으며, 가와라마치 일대에서 대부분의 노선이 교차한다. 배차 간격은 노선별로 상이하나 중심 구간은 비교적 잦은 편이다. 다만, 배차 간격이 촘촘하지 않은 노선도 있으므로 출발 전에 시간표를 확인하는 것이 좋다. 전반적으로 시내버스는 다카마쓰 중심부 이동에 실용적인 교통수단이므로, 철도(고토덴·JR)와 병행하여 이용하면 동선이 효율적이다.

홈페이지 www.kotoden.co.jp
운행시간 06:00~21:05 **요금** ¥200~

고토덴 전철

가가와현 다카마쓰 시내와 근교를 연결하는 사철(私鐵)로서, 시내 이동과 근교 여행에 가장 많이 활용되는 교통수단이다. 고토히라선, 나가오선, 시도선 등 3개 노선으로 구성되어 있으며 가

와라마치역이 핵심 환승 거점이다. 시내뿐만 아니라 고토히라궁, 붓쇼잔 온천, 야시마 전망대 등 근교 명소를 방문할 때 고토덴 전철을 이용하면 더욱 편리하게 관광할 수 있다.

노선별 특징은 다음과 같다.

① 고토히라선(琴平線; 노란색선)
다카마쓰에서 고토히라역으로 이어지는 대표 관광 노선으로, 전원 풍경과 소도시 분위기를 함께 즐길 수 있는 고토덴의 핵심 루트다. 리쓰린공원과 붓쇼잔온천 등 많은 다카마쓰 명소를 지나간다.

고토히라선

② 나가오선(長尾線; 초록색선)
다카마쓰 중심 번화가를 지나 주택가와 교외 지역을 잇는 생활 밀착형 노선으로, 현지인의 일상을 가까이에서 느낄 수 있다.

나가오선

③ 시도선(志度線; 빨강색선)
야시마와 세토내해 해안을 따라 달리는 구간이 매력적인 노선으로 다카마쓰 외곽 여행지를 촘촘하게 이어준다.

운행 간격은 시간대에 따라 다르지만, 대략 10분에서 30분 간격으로 운행된다. 도심 구간은 배차 간격이 비교적 짧다. 요금은 구간제로, 승차 시 표를 구매하거나 IC카드를 이용해 개찰구를 통과한다. JR 패스는 사용할 수 없으며, 고토덴 전용 1일권·프리패스도 판매한다. 노선도는 P.150을 참고하자.

홈페이지 www.kotoden.co.jp **운행시간** 05:43~ 22:40 **요금** ¥200~

원데이 프리패스(1-Day Free Pass; 1日フリーきっぷ)

고토덴 전철 원데이 프리패스는 다카마쓰에서 하루 동안 이동 계획이 많은 여행자에게 매우 유용하다. 매번 표를 구매하는 번거로움 없이, 지정된 하루 동안 고토덴 전 노선을 자유롭게 이용할 수 있다는 것이 장점이다. 패스는 고토덴 주요 역 창구에서 구매할 수 있다. 가와라마치역(瓦町駅), 다카마쓰칫코역(高松築港駅), 고토덴고토히라역(琴電琴平駅)처럼 이용객이 많은 역에는 창구가 마련되어 있어 비교적 쉽게 구매할 수 있다. 창구에서 '원데이패스'라고 말하면 바로 안내를 받을 수 있으며, 사용 날짜를 지정해 발권된다. 패스는 당일에 한해 유효하므로, 일정이 빡빡한 날 오전에 구매하여 사용하는 것이 가장 효율적이다.

승차 방법은 단순하다. 일반 승차권처럼 자동 개찰기에 넣지 않고 패스를 소지한 채 개찰구를 통과하면 된다. 역에 직원이 있으면 패스를 보여주고 통과하면 되며, 무인역에서는 패스를 지닌 채 그대로 승차하여 하차 시 직원에게 제시하면 된다. 별도의 태그나 처리 과정이 없으므로 일본 전철 이용이 익숙하지 않아도 부담이 적다.

사용 방법도 단순하다. 하루 동안 고토덴 전 노선을 횟수 제한 없이 이용할 수 있어, 시내 중심을 오가거나 근교를 다녀오는 일정에 안성맞춤이다. 다카마쓰 시내 상점가를 둘러본 뒤 곤피라궁으로 향했다가, 다시 시내로 돌아오는 일정처럼 이동 횟수

고토덴 1일 승차권

가 많을수록 패스의 가치는 더욱 높아진다. 개별 요금을 계속 지불하는 것보다 저렴하고, 이동 계획 또한 한층 자유로워진다. 다만, 이 패스는 고토덴 전철에서만 사용 가능하므로 JR 열차나 시내버스, 다른 사철에서는 이용할 수 없다. 또한 특급열차나 지정 좌석이 없는 일반 전철을 이용할 때만 사용할 수 있다. 유효 시간은 첫 사용 시점부터 24시간이 아니라 당일 운행 종료 시점까지이므로 이 점을 유념해야 한다.

요금 성인 ¥1,400, 어린이 ¥700

페리

다카마쓰는 세토내해에 면한 항구 도시로, 시내 중심과 맞닿은 다카마쓰항을 통해 수많은 섬으로 이어진다. JR 다카마쓰역이나 가와라마치 일대에서 도보나 버스로 쉽게 갈 수 있어, 이동 동선이 복잡하지 않다는 점도 매력적이다.

다카마쓰항에서 출발하는 페리는 목적지에 따라 고속 페리와 일반 페리로 나뉜다. 고속선은 이동 시간이 짧은 대신 요금이 다소 높은 편이며, 일반 페리는 시간이 조금 더 소요되지만 차량 적재가 가능하고 요금도 비교적 합리적이다. 섬 여행 일정과 예산, 이동 시간을 고려하여 선택이 자연스럽게 나뉜다. 대표적인 노선으로는 예술 섬으로 널리 알려진 나오시마, 데시마 방면이 있으며, 오기지마, 메기지마와 같은 근거리 섬 노선 또한 운항된다. 오기지마와 메기지마는 비교적 짧은 항해로 다녀올 수 있어 반나절 일정에도 적합하며, 데시마와 나오시마는 하루를 온전히 할애하는 일정에 잘 어울린다. 쇼도시마는 올리브와 간장, 아름다운 협곡 풍경으로 널리 알려진 가가와현을 대표하는 섬으로, 가장 많은 운항 횟수를 자랑한다. 소요 시간은 노선에 따라 상이하나 비교적 안정적인 항로가 유지되고 있으며, 섬에 도착한 후에는 버스를 타고 주요 관광 지점으로 이동하는 방식으로 구성되어 있다.

이용 방법은 간단하다. 다카마쓰항 여객 터미널에서 목적지별 매표소 또는 자동 발권기를 이용하여 승선권을 구입한 후, 출항 시간에 맞춰 탑승하면 된다. 노선에 따라 좌석 지정이 없는 경

우도 많으므로, 성수기에는 출항 시간보다 다소 일찍 도착하는 것이 안전하다. 특히 3년마다 개최되는 세토우치 트리엔날레 기간에는 많은 인파로 붐비므로, 사전에 홈페이지에서 정보를 확인하는 것이 좋다. 차량 또는 자전거를 선적하는 경우에는 별도의 절차와 요금이 부과된다.
홈페이지 시코쿠기선(Shikoku Kisen) www.shikokukisen.com, 시코쿠페리(Shikoku Ferry) www.shikokuferry.com

다카마쓰 ↔ 쇼도시마(도노쇼항 土庄港)
세토내해를 가로질러 다카마쓰와 쇼도시마의 주요 항구인 도노쇼(土庄港)를 잇는다. 쇼도시마는 일본에서 올리브로 가장 유명한 섬으로, 수려한 자연과 해안 풍경, 올리브 공원, 간장 제조 공장 등 다채로운 관광 명소가 있어 당일치기 여행이나 1박 여행 모두에 안성맞춤이다. 페리는 약 60분 소요, 고속선은 약 35분 소요된다.
[페리] 운항시간 06:25~20:20 요금 [편도] 성인 ¥700, 어린이 ¥350, [왕복] ¥1,330, 어린이 ¥670
[고속선] 운항시간 07:40~18:40 요금 [편도] 성인 ¥1,400, 어린이 ¥700 [왕복] 성인 ¥2,660, 어린이 ¥1,340

다카마쓰 ↔ 나오시마(미야노우라항 宮浦港)
예술의 섬으로 명성이 자자한 나오시마의 미야노우라항(宮浦港)까지는 배편이 수시로 운항된다. 수많은 건축가와 예술가들이 버려진 섬 곳곳에 설치한 미술 작품 덕분에, 이곳은 전 세계 여행객들이 즐겨 찾는 명소로 거듭났다. 자전거를 이용해 하루 정도면 충분히 섬을 둘러볼 수 있다. 페리는 약 50분 소요, 고속선은 약 30분 소요된다. 왕복 티켓은 따로 판매하지 않는다.
[페리] 운항시간 08:12~18:05(1일 5회 운항) 요금 [편도] 성인 ¥680, 어린이 ¥340
[고속선] 운항시간 07:20~20:30(1일 3회 운항) 요금 [편도] 성인 ¥1,590, 어린이 ¥800

다카마쓰 ↔ 데시마(이에우라항 家浦港)
나오시마에 이어 작은 섬에 미술관이 들어서면서 많은 관광객이 찾는 데시마의 이에노라항(家浦港)까지 배편이 하루 3회 운항된다. 이곳 방문객들은 대부분 데시마미술관을 찾는다. 미술관까지는 배편 시간에 맞춰 항구에서 버스가 운행된다. 페리는 약 35분 소요되며, 왕복 티켓은 따로 판매하지 않는다.
데시마 T 페리 홈페이지 t-ferry.com
[페리] 운항시간 07:41~18:03(계절 및 미술관 개관 요일에 따라 1일 3~5회 운항) 요금 [편도] 성인 ¥1,450, 어린이 ¥730

이에우라항

[그 외 노선별 페리 이용 정보]

이용 노선	소요시간	운항시간	요금
나오시마(혼무라항 本村港)→ 데시마(이에우라항 家浦港)	[페리] 20분	계절 및 미술관 개관 요일에 따라 하루 1~2차례 운항	[편도] 성인 ¥820, 어린이 ¥410
데시마(이에우라항 家浦港)→ 데시마(카라토항 唐櫃漁港)→ 쇼도시마(도노쇼항 土庄港)	[여객선] 20분, [연락선] 30분	06:30~19:40 사이 수차례 운항	[편도] 성인 ¥780, 어린이 ¥490
데시마(이에우라항 家浦港)→ 쇼도시마(도노쇼항 土庄港)	25~30분		[편도] 성인 ¥780, 어린이 ¥390
데시마(카라토항 唐櫃漁港)→ 쇼도시마(도노쇼항 土庄港)	15~20분		[편도] 성인 ¥490, 어린이 ¥250

2. 마쓰야마

버스

마쓰야마 시내버스의 대부분은 이요철도(이요테쓰)에서 운영한다. 이요철도는 전철, 버스, 노면전차를 함께 운영하는 지역 교통 사업자로서, 마쓰야마 대중교통 구조의 핵심이라 해도 과언이 아니다. 버스 노선은 마쓰야마역, 마쓰야마시역, 오카이도, 도고온천을 중심으로 방사형으로 뻗어 있어 시내 주요 지점 대부분을 아우른다.

마쓰야마성 로프웨이 승강장, 도고온천 본관 주변은 물론 시내 박물관, 미술관, 주택가에 있는 음식점과 카페까지 버스로 편리하게 이동할 수 있다. 특히 도고온천 방면은 노면전차가 대표적인 이동 수단으로 알려져 있으나, 숙소 위치나 출발 지점에 따라서는 버스가 더 빠르고 편리할 수도 있다. 버스는 전철에 비해 노선 선택의 폭이 넓어 도보 이동을 최소화할 수 있다는 장점이 있다.

이용 방식은 일본 지방 도시 버스의 전형적인 형태를 따른다. 대개 뒷문으로 승차하여 앞문으로 하차하는 구간제 요금 시스템을 사용하며, 승차 시에는 정리권을 뽑고 하차 시에 요금을 지불한다. 현금은 물론 IC카드도 사용할 수 있어 번거롭지 않다.

공항 접근성 면에서도 버스는 중요한 역할을 수행한다. 마쓰야마공항과 시내를 잇는 공항 리무진버스는 항공편 시간에 맞춰 운행되므로, 짐이 많은 경우에도 안정적인 이동 수단이 되어 준다. 택시에 비해 비용 부담이 적고 철도 환승 없이 한 번에 이동할 수 있다는 점이 여행객들의 이용률을 높이는 요인이다.

홈페이지 www.iyotetsu.co.jp/rosen/bus **운행** 06:00~21:05 **요금** ¥100~

이요철도와 노면전차(트램)

귤로 이름난 고장답게 오렌지색 컬러가 인상적인 이요철도(이요테쓰)는 단순한 교통 회사를 넘어, 마쓰야마 시민의 일상과 여행객의 동선을 아우르며 지역 교통의 중추적인 역할을 해왔다. 전철, 버스, 노면전차를 한 회사가 통합적으로 운영하는 구조 덕분에 마쓰야마의 대중교통 시스템은 복잡하지 않으면서도 실용적인 면모가 돋보인다.

이요철도의 핵심은 단연 마쓰야마시역이다. 이곳은 전철, 버스, 노면전차가 교차하는 교통의 요충지로서, 마쓰야마에서 이동을 시작하거나 마칠 때 자연스레 들르게 되는 곳이다. 노면전차 노선은 마쓰야마시역↔오카이도↔도고온천을 잇는 축을 중심으로 짜여 있다. 이 축을 따라 주요 상점가, 관공서, 숙박 시설, 관광 명소가 자연스럽게 연결된다. 또 다른 특징으로는 차량의 다양성을 꼽을 수 있다. 최신형 저상 전차부터 비교적 오래된 클래식한 차량에 이르기까지 다채로운 차량이 함께 운행되므로, 같은 노선을 이용하더라도 매번 색다른 분위기를 느낄 수 있다. 뒷문으로 승차하여 하차 시 운임을 지불하고 앞문으로 내리는 방식이며, 동전이 없는 경우에는 운임함 옆 동전 교환기를 이용하면 된다. 노선도는 P.152를 참고하자.

홈페이지 www.iyotetsu.co.jp **운행** 05:30~23:00 **요금** [노면전차] 성인 ¥230, 어린이 ¥120

Tip 봇짱열차

1888년부터 67년간 마쓰야마를 누비던 소형 증기 기관차는 나츠메 소세키의 소설을 원작으로 한 NHK 드라마 '도련님(坊っちゃん)' 방영을 기념하여 2001년부터 다시 운행을 시작, 많은 사랑을 받고 있다. 복고풍으로 단장한 내외관이 아름다워 특히 아이들에게 인기가 높다. 도고온천역에서는 정차한 열차를 만날 수 있으며 마쓰야마역에서 도고온천역, 도고온천역에서 고마치(古町)까지 운행한다. 토·일요일·공휴일에만 운행하며 연말 및 새해 연휴기간(12/30~1/3)에는 운영하지 않는다.

홈페이지 www.iyotetsu.co.jp/sp/botchan **운행시간** [도고온천역] 09:19, 10:48 [고마치행] 13:19, 14:59, [마쓰야마시역] 10:04, 14:04, 15:44 요금 성인 ¥1,300, 어린이 ¥650

택시

다카마쓰와 마쓰야마 시내에서 흔히 볼 수 있다. 원하는 목적지까지 쉽고 편리하게 이동할 수 있다는 게 장점이나, 요금이 한국보다 비싸다는 단점이 있다. 최근 GO, UBER 등 택시 앱이 활성화되면서 프로모션을 통해 할인된 가격으로 이용할 수 있으며, 한국의 카카오택시나 우티(UT) 앱 또한 사용 가능해져 이용객이 늘고 있다. 리무진 버스 외에 공항으로 향하는 다른 교통편이 마땅치 않을 때 주로 이용한다.
홈페이지 www.taxisite.com **운행** 24시간 **요금** [다카마쓰](1,500m까지) ¥750~, 이후 260m마다 ¥80 추가, [마쓰야마](1,000m까지) ¥600~, 이후 315m마다 ¥100 추가

렌터카

다카마쓰, 마쓰야마 시내를 제외하면 대중교통 배차 간격이 길어 짧은 시간 안에 여러 명소를 둘러보기 어렵다. 그럴 때 렌터카를 이용하면 많은 도움이 된다. 대부분 공항이나 역 주변에 렌터카 영업소가 있으며, 국제운전면허증과 실물 운전면허증을 제시하면 이용할 수 있다. 국내 여행 중개 사이트와 도요타 등 각 사이트에서 예약이 가능하니, 계획이 확정되면 서둘러 예약하는 것이 좋다. 일본 휘발유는 국내보다 저렴하지만 통행료가 상당히 비싸므로, 이 점을 충분히 고려해야 한다. 또한 운전석과 도로 방향이 반대이고, 도시에서 조금만 벗어나도 도로 폭이 좁아지므로 운전에 익숙하지 않다면 대중교통 이용을 권장한다. 특히 일본은 우리나라보다 해가 일찍 지고 가로등도 적으므로, 가능한 한 야간 운전은 피하는 것이 좋다. 운전하기 전에 일본의 운전 규칙을 꼼꼼히 확인하고, 최대한 보장 범위가 넓은 보험에 가입하는 것이 좋다.
홈페이지 도요타 렌터카(한국 사이트) www.toyotarent.co.kr, 오릭스 렌터카 car.orix.co.jp/kr, 닛산 렌터카 www.nissanrent.com, 카모아 carmore.kr/home

다카마쓰·마쓰야마 추천 일정

짧지만 알차게 돌아보는 1박 2일 다카마쓰 코스

다카마쓰는 식도락을 즐기려고 방문하는 사람이 많을 정도로 우동에 대한 애정이 남다른 도시다. 쇼핑을 즐기는 것은 물론, 기호에 맞는 우동집을 찾아 시내를 거닐어보자.

일수	일정 내용
1 DAY	다카마쓰공항 → 다카마쓰 심벌타워(P.50) → 효고마치 (P.57) → 마루가메마치(P.57) → 리쓰린공원(P.47) → 다카마쓰항구(P.52) 
2 DAY	다카마쓰역궁(P.51) → 고토히라궁(P.63) → 킨료 사케 뮤지엄 양조장(P.65) → 가와라마치역 → 다카마쓰공항 

짧지만 알차게 돌아보는 1박 2일 마쓰야마 코스

마쓰야마는 일본 제일의 명성을 자랑하는 도고온천을 비롯해 웅장한 마쓰야마성까지, 다른 일본 소도시보다 한국인을 더욱 환영하는 듯한 분위기를 자아낸다. 도고온천을 제외하면 도보로도 충분히 이동할 수 있다.

일수	일정 내용
1 DAY	마쓰야마공항 → 마쓰야마성 로프웨이(P.98) → 마쓰야마성(P.97) → 에히메 현립 미술관(P.100) → 반스이소(P.99) → 오카이도 상점가(P.127) 
2 DAY	도고온천(P.102) → 마쓰야마시역 → 이요테쓰 다카시야마 관람차(P.128) → 마쓰야마공항 

2박 3일 예술의 섬으로 떠나는 바다 여행

다카마쓰에서 배를 타고 닿을 수 있는 예술의 섬인 나오시마와 데시마, 올리브와 연인의 섬이라 불리는
쇼도시마를 중심으로 여행하는 일정이다. 섬 여행은 날씨를 미리 확인하고 배 시간을 맞추는 것이 중요
하다. 쇼도시마에서는 현지 렌터카를, 나오시마에서는 전기자전거를 빌려 각 섬의 다채로운 매력을 만
끽해보자.

일수	일정 내용
1 DAY	다카마쓰공항 → 다카마쓰항구(P.52) → 쇼도시마 도노쇼항 → 올리브공원(P.77) → 간카케이(P.78) → 엔젤로드(P.78)
2 DAY	도노쇼항 → 데시마 카라토항 → 데시마미술관(P.81) → 데시마 이에우라항 → 나오시마 이에프로젝트(P.69) → 노란 호박(P.74) → 지중미술관(P.71) → 이우환미술관(P.73) → 미야노우라항(P.67) → 다카마쓰항
3 DAY	효고마치(P.57) → 마루가메마치(P.57) → 리쓰린공원(P.47) → 다카마쓰공항

2박 3일 마쓰야마와 주변 소도시 여행

마쓰야마 자체도 충분히 매력적이지만, 시야를 넓혀 도시 외곽으로 눈을 돌리면 아기자기한 매력을 자
랑하는 소도시들이 가까운 거리에 있다. 일본 정원의 정수를 보여주는 가류산장이 있는 오즈, 전통 가
옥이 늘어선 우치코, 해변에 자리한 시모나다 기차역까지, 렌터카나 기차를 이용하여 주변 도시를 탐방
하는 일정을 계획해보자.

일수	일정 내용
1 DAY	마쓰야마공항 도착 후 오카이도를 거쳐, 마쓰야마성 로프웨이를 타고 마쓰야마성을 방문한 뒤 도고온천으로 이동한다.
2 DAY	시모나다역에서 시작하여 오즈의 가류산장, 반센소를 거쳐 오즈성을 방문하고, 우치코역, 우치코자, 상업과 생활 박물관, 요카이치 고코쿠 거리를 둘러본다.
3 DAY	도고온천역에서 출발하여 도고온천 본관과 별관 아스카노유를 방문한 후, 마쓰야마공항으로 이동한다.

▶Plus 시코쿠에서 즐기는 이색 기차 여행

시코쿠에서 기차 여행은 단순한 교통수단의 의미보다는 아름다운 풍경과 흥미로운 이야기가 담긴 여행 콘텐츠와 같다. 대도시를 달리는 신칸센과 달리, 시코쿠 열차에 그 지역의 자연, 문학, 캐릭터 문화가 녹아들어 있다. 시코쿠의 다양한 이색 기차를 알아보고 색다른 여행을 떠나보자.

바다를 달리는 관광열차, 이요나다 모노가타리 伊予灘ものがたり

에히메현 해안을 따라 운행하는 이요나다 모노가타리는 시코쿠를 대표하는 관광 열차로, 좌석 간 간격이 넓고 큰 창 너머로 세토내해의 잔잔한 바다를 감상할 수 있다. 또한 계절별 콘셉트에 맞춰 지역 식재료로 만든 식사가 제공된다.

홈페이지 iyonadamonogatari.com

증기기관차의 추억, 봇짱열차 坊っちゃん列車

마쓰야마 시내를 천천히 달리는 봇짱열차는 메이지 시대의 증기기관차를 복원한 관광 트램이다. 실제 증기를 사용하지는 않지만, 외형과 주행 소리에서 짙은 향수를 느낄 수 있다. 운행 구간은 짧지만, 마쓰야마성 및 도고온천과 연계하여 여행하기에 안성맞춤이다.

홈페이지 www.iyotetsu.co.jp/bus/global/kr/

아이도 어른도 웃는 캐릭터 열차

시코쿠 곳곳에서는 호빵맨 테마 열차가 운행된다. 외관은 물론 좌석, 안내 방송에 이르기까지 캐릭터로 아기자기하게 꾸며져 있어 가족 여행객들에게 특히 사랑받고 있다. 단순한 테마를 넘어 지역 철도에 활력을 불어넣은 성공적인 사례로 평가받는다.

Tip 시코쿠 렌터카 여행

시코쿠는 철도나 버스만으로는 찾아가기 힘든 명소가 많다. 깊은 계곡과 해안의 빼어난 경치, 소도시의 정취 있는 거리를 두루 경험하려면 렌터카를 선택하는 것이 더 편리하다. 렌터카를 이용하면 이동 시간을 단축할 수 있을 뿐만 아니라, 일정도 자유롭게 짤 수 있다. 렌터카 여행을 하기 전 아래 4가지를 유의하여 이용하자.
① 출발 거점은 다카마쓰 또는 마쓰야마로 한다.
렌터카를 빌리려면 다카마쓰공항과 역 주변 또는 마쓰야마공항이 가장 편리하다. 다카마쓰는 세토내해와 예술 섬을 둘러보기에 좋고, 마쓰야마는 온천과 남부 소도시를 여행하는 데 유리하다. 여정에 따라 편도 반납을 고려해보아도 좋다.
② 일본판 하이패스(Hi-pass) 카드인 ETC 카드를 사용하는 것이 좋다.
③ 내비게이션에는 전화번호를 입력하는 것이 가장 정확하다.
④ 소도시나 시골 마을에 있는 주유소는 일찍 문을 닫는 경우가 흔하니 유의한다.

지역별 여행 정보

다카마쓰
高松

시코쿠 여행의 관문이라 불리며 온화한 기후와
아름다운 해안 풍경. 일본을 대표하는 정원 리쓰린공원 등
볼거리가 풍부하다. 무엇보다 '사누키우동'의
본고장으로 알려져 있어 미식 여행지로도 사랑받는 도시다.

다카마쓰
高松

다카마쓰
高松

ATTRACTION
다카마쓰의 볼거리

리쓰린공원 栗林公園

미슐랭 일본 그린 가이드북에서 최고 평점인 별 3개를 받은 시코쿠 대표 경승지이자, 다카마쓰 여행을 상징하는 명소다. 에도 시대 초, 다카마쓰번(藩) 영주 가문의 별장 정원으로 시작하여 이후 여러 번주가 개축과 확장을 거듭해 약 100년에 걸쳐 현재의 모습을 이루었다. 오랜 시간 동안 조성된 덕에 정원 곳곳에서 각 시대의 미적 감각과

정원 양식이 자연스레 어우러져 있다. 정원은 보는 위치와 걷는 속도에 따라 전혀 다른 풍경을 보여준다. 산책길을 따라 발걸음을 옮길 때마다 시선의 높이와 방향이 달라지고, 전망 언덕에 오르면 인간의 손길로 정성스레 가꾼 정원과 주변의 아름다운 자연 경관이 한눈에 들어온다. 인공미와 자연미가 조화롭게 균형을 이루도록 치밀하게 설계된 일본 정원 특유의 공간 미학이 깊숙이 스며들어 있다. 이곳에서 가장 눈길을 끄는 요소는 단연 약 1,400그루에 달하는 소나무들이다. 그중 1,000그루 이상이 정원 장인들의 손길을 통해 분재처럼 정교하게 다듬어져 있는데, 이 소나무들이 빚어내는 곡선과 실루엣은 리쓰린공원의 정체성을 확연히 드러내는 핵심 요소라 할 수 있다. 정원 안에는 시운산(紫雲山)을 배경 삼아 연못 6개와 인공 언덕 13개가 자리해, 거니는 동안 자연과 인공이 빚어내는 깊은 조화를 온전히 느낄 수 있다. 사계절의 변화는 리쓰린공원의 매력을 한층 더 돋보이게 한다. 봄에는 벚

꽃과 철쭉이 만개하여 정원을 화려하게 수놓고, 여름에는 연꽃과 싱그러운 녹음이 청량함을 더한다. 가을에는 단풍이 붉게 물들어 장관을 이루고, 겨울에는 푸른 소나무와 설경이 어우러져 고즈넉한 풍치를 자아낸다. 특히 봄, 가을의 특정 기간에는 야간 개장과 라이트업이 시행되어, 낮과는 전혀 다른 색채와 분위기를 만끽할 수 있다. 조명을 받은 연못과 소나무, 다리와 정자들은 마치 살아 숨 쉬는 한 폭의 그림 같다. 리쓰린공원은 단순한 정원을 넘어, 수백 년 동안 축적된 미학과 기술, 자연에 대한 깊은 존경이 깃든 거대한 예술 작품이라 할 수 있다. 다카마쓰를 방문하는 이들에게는 빼놓을 수 없는 필수 코스이므로, 방문 시 최소 1~2시간 정도 여유롭게 시간을 할애하는 것이 좋다. 느긋하게 거닐며 사계절의 아름다운 풍경을 감상하고, 수백 년 전 영주들이 눈에 담았던 바로 그 풍경을 직접 마주해보자.

지도 P.144-B1 ▶ 주소 栗林町1丁目20番16号 전화 087-833-7411 홈페이지 www.my-kagawa.jp/static/en/ritsurin/ 운영 1·12월 07:00~17:00, 2월 07:00~17:30, 3월 06:30~18:00, 4·5·9월 05:30~18:30, 6~8월 05:30~19:00, 10월 06:00~17:30, 11월 06:30~17:00(야간개장 시 ~21:00까지) 요금 성인 ¥500, 어린이 ¥170 가는 방법 JR 리쓰린코엔역(栗林公園駅) 기타쿠치(北口)에서 도보 3분 또는 고토덴 리쓰린코엔(栗林公園)역 하차 후 도보 10분 발음 리쓰린코엔

+Plus 리쓰린공원 200% 즐기기

하나, 왕족이 된 듯 즐기는 뱃놀이

회유선(和船)을 이용하여 에도 시대 다카마쓰 번 주들이 즐겼던 뱃놀이를 오늘날에도 고스란히 체험할 수 있다. 난코 연못을 중심으로 잔잔한 물길을 따라 천천히 나아가는 동안 뱃사공의 해설을 들으며 수면에 비친 정원과 시운산이 한 폭의 동양화처럼 눈앞에 펼쳐진다.

요금 성인 ¥850, 어린이 ¥420 **운영** 09:00~16:15(11~1월은 09:00~16:00)

둘, 그림 같은 전망이 펼쳐지는 히라이호 봉우리

후지산의 모습을 본떠 만든 인공산인 이곳에서 난코 연못을 바라보면, 시운산을 배경으로 키쿠게쓰테이(掬月亭)와 엔게쓰교가 어우러진 그림 같은 절경이 펼쳐진다. 정원에서 제일 조망이 좋은 포인트이자 리쓰린공원을 대표하는 풍경을 엿볼 수 있는 장소다.

셋, 고즈넉한 풍경을 바라보며 즐기는 차 한 잔, 키쿠게쓰테이 掬月亭

에도 시대 다카마쓰 번주의 다실로 사용되었던 공간으로, 리쓰린공원의 품격을 고스란히 상징하는 장소다. '달을 손으로 떠 올린다'는 이름에 걸맞게, 정원을 감상하기에 더할 나위 없이 좋은 장소다.

지금도 방문객들은 다실 내부에 앉아 창 너머로 펼쳐지는 연못과 소나무, 정원 건축이 조화롭게 어우러진 고즈넉한 풍경을 바라보며 따뜻한 말차와 화과자를 즐길 수 있다.

운영 09:00~16:00

넷, 공원의 전경을 한눈에, 상공장려관

1899년에 '가가와현 박물관'으로 건축되었으며, 본관, 서관, 동관, 북관이 복도로 이어진 회랑 구조를 이루고 있다. 리쓰린공원에 대한 정보와 전통 공예품을 전시하는 공간이며, 본관 2층에는 세계적

으로 명성이 높은 가구 디자이너 조지 나카시마의 테이블과 의자가 전시되어 있다. 2층 베란다에서 내려다보는 공원의 전경은 그야말로 장관이다.

다카마쓰 심벌타워 高松シンボルタワー

다카마쓰역 앞 해변에 솟아 있는 타워. 시코쿠에서 제일 높은 건축물로서, 다카마쓰를 대표하는 현대적인 랜드마크다. 높이 151.3m, 30층 규모의 복합 시설로 지어졌으며, 항구와 철도, 도심이 교차하는 '선포트 다카마쓰(Sunport Takamatsu)' 재개발의 중심지이기도 하다. 바다를 향해 열린 도시, 다카마쓰의 새로운 면모를 보여주는 건축물이다. 저층부에는 다양한 쇼핑 매장과 음식점이 자리해 여행 중 식사나 휴식을 취하기에 안성맞춤이다. 패스트푸드부터 라멘, 우동, 초밥, 스테이크 전문점까지 다채로운 음식점이 입점해 있어 선택의 폭이 넓으며, 역과

바로 연결되어 이동하기도 편리하다. 여행객은 물론 현지 시민들에게도 인기 있는 생활 밀착형 상업 시설이다. 가장 큰 매력은 타워 동 29~30층에 마련된 전망 공간이다. 이곳에서는 세토내해와 다카마쓰 시가지가 한눈에 들어오는 시원한 전망을 만끽할 수 있다. 야시마(屋島), 메기지마(女木島), 오기지마(男木島) 등 섬들이 떠 있는 풍경은 감탄을 자아내며, 날씨가 맑은 날에는 멀리 혼슈 지역까지 보인다. 전망층에는 간단한 음료와 디저트를 판매하는 카페도 있어, 여유롭게 풍경을 감상하며 시간을 보내기에 더할 나위 없다. 특히 해 질 무렵부터 펼쳐지는 야경은 이곳의 매력이 극대화되는 순간이다. 저녁노을 아래 붉게 물든 세토내해와 어둠 속에서 하나둘 켜지는 다카마쓰 시내의 불빛은 잊지 못할 추억을 선물한다.

지도 P.145-A1 주소 高松市サンポート2-1 전화 087-822-1707 홈페이지 www.symboltower.com 운영 10:00~22:30(전망대) 가는 방법 JR 다카마쓰역(高松駅)에서 도보 3분 발음 다카마쓰 신보루타와

> **Tip 옥상광장**
> 심벌타워 홀동 8층에 자리한 이곳은 탁 트인 공간으로 조성되어 더욱 시원한 전망을 선사한다. 이벤트 공간으로도 활용되며, 발 아래 펼쳐진 항구와 섬 사이를 오가는 배들의 모습이 파노라마처럼 펼쳐진다. 일몰 시 아름다운 인증 사진을 찍을 수 있는 포토 스폿이다. 우천 시 폐쇄된다.

다카마쓰역 高松駅

다카마쓰의 교통 요충지이자 시코쿠에서 가장 많은 이용객을 자랑하는 기차역이다. JR 시코쿠의 대표 역답게 요산선과 코토쿠선의 기점이며, 시코쿠 주요 도시로 향하는 대부분의 열차가 이곳을 경유한다. 역에서 항구까지 도보로 이동할 수 있고, 섬으로 향하는 페리 및 고속선 터미널이 가까워 나오시마, 쇼도시마 등 세토내해 예술섬 여행을 계획하기에 안성맞춤이다. 이러한 이점 덕분에 다카마쓰역은 흔히 '세토내해 섬 여행의 전초기지'라고 불린다. 역 앞에 위치한 선포트 다카마쓰 일대는 쇼핑몰, 호텔, 관광안내센터, 기념품 숍 등이 밀집한 복합 상업 지구다. 특히 쇼핑몰 다카마쓰 오르네(TAKAMATSU ORNE)를 비롯하여 렌터카 업체가 모여 있어 여행 준비와 시작이 용이하며, 역 내부와 주

변에는 코인로커와 간편한 식사를 해결할 수 있는 식당이 충분히 갖춰져 있다. 이동, 환승, 쇼핑, 식사, 여행 준비까지 모두 한곳에서 해결할 수 있으니, 다카마쓰 여행의 시작과 끝을 책임지는 핵심적인 거점이라 부를 만하다.

지도 P.145-A2 ▶ **주소** 香川県高松市浜ノ町1-20 **전화** 0570-00-4592 **홈페이지** www.jr-shikoku.co.jp **운영** 06:50~20:10(티켓 창구), 04:00~23:55(자동발매기) **가는 방법** 다카마쓰공항에서 리무진 버스로 약 40분, 다카마쓰역 하차 **발음** 다카마쓰 에키

다카마쓰항구(선라이즈 테라스)
高松港(サンライズテラス)

세토내해에 흩어진 예술섬으로 향하는 주요 거점으로서, 쇼도시마는 물론 나오시마, 데시마 등 여러 섬과 뱃길로 연결된다. 고속선 터미널과 페리항으로 나뉘어 있으며, 항구를 따라 산책로가 잘 조성되어 있다. 방파제 위에 자리한 세토시루베(せとしるべ, 다카마쓰항 타마모 방파제 등대)까지 여유롭게 산책을 즐겨보면 어떨까. 해 질 녘, 노을이 바다를 붉게 물들이며 석양이 저무는 모습은 그야말로 인상적이다. 다카마쓰 역과는 공중 보행로로 연결되어 편리하며, 도보 10분 이내 거리에 시내가 있어 접근성이 뛰어나 늘 여행객들로 붐빈다. 세토우치 트리엔날레(국제 예술제) 기간에는 많은 인파가 몰리므로, 미리 표를 예매하는 것이 좋다.

지도 P.145-A1 **주소** 香川県高松市サンポート8 **전화** 087-851-3442 **홈페이지** www.shikokuferry.com(시코쿠페리), www.shikokukisen.com(시코쿠기선) **운영** 06:00~22:00 **가는 방법** 다카마쓰항에서 도보 5분 **발음** 다카마쓰코우

다마모공원(다카마쓰성터) 玉藻公園(高松城跡)

다카마쓰시 중심부에 위치한 이곳은 시민들의 안식처이자 관광객에게는 더없이 편안한 공원이며, 본래 에도 시대 초기에 축성된 다카마쓰성이 있던 자리다. 이 성은 일본에서도 보기 드물게 바닷물을 끌어들여 성의 해자를 구성한 '수성(水城)' 형태로 널리 알려져 있는데, 세토내해와 인접한 지리적 이점을 방어 체계에 십분 활용한 점이 두드러진다. 현재 공원 곳곳에 남아 있는 석벽과 해자에서 그 흔적을 확인할 수 있다. 공원 내에는 국가 중요 문화재로 지정된 우시토라 망루, 쓰키미 망루, 미즈노테고몬, 와타리 망루를 비롯해 성주의 별장이자 영빈관으로 사용되었던 히운카쿠와 국가 명승지로 지정된 히운카쿠 정원이 있다. 봄에는 벚꽃놀이, 가을에는 국화 전시 등 다채로운 행사도 개최된다. 공원의 여러 요소 중에서도 특히 눈길을 사로잡는 것은 다마모정원과 성의 유구를 재해석한 공간들이다. 원형을 고스란히 간직한 석벽과 해자의 자취, 성곽 구조를 짐작게 하는 잔존물들은 깔끔한 안내문과 더불어 배치되어 있어, 역사에 밝지 않은 방문객도 비교적 쉽게 '성의 형태'를 그려볼 수 있다. 더불어 잔디밭과 쉼터가 넉넉하게 마련되어 있어 가족 단위 여행객은 물론 다양한 연령대의 방문객도 편안하게 시간을 보낼 수 있다.

지도 P.145-B2 〉 **주소** 香川県高松市玉藻町2-1 **전화** 087-851-1521 **홈페이지** www.takamatsujyo.com **운영** [서문(West Gate)] 4~5월 05:30~18:30, 6~8월 05:30~19:00, 9월 05:30~18:30, 10월 06:00~17:30, 11월 06:30~17:00, 12~1월 07:00~17:00, 2월 07:00~17:30, 3월 06:30~18:00, [동문(East Gate)] 4~9월 07:00~18:00, 10~3월 08:30~17:00 **요금** 성인(16세 이상) ¥200, 어린이(6~15세) ¥100 **가는 방법** 다카마쓰항에서 도보 5분 **발음** 다마모코엔

야시마전망대 屋島展望台

세토내해와 다카마쓰 시가지를 한눈에 담을 수 있는 대표적인 전망 명소로, 특히 해질 녘의 황홀한 풍경이 일품이다. 지붕처럼 생긴 산세 때문에 야시마(屋島)라는 이름이 붙었으며, 정상까지 도로가 잘 정비되어 있어 편리하게 오를 수 있다. 아름다운 경관 덕분에 드라이브 코스로도 명성이 높으며, 헤이안 시대 말기 일본 각지에서 벌어진 겐페이 전쟁의 격전지로도 알려져 있다. 주차장에서 야시마지(屋島寺)를 지나 전망대까지는 10분 정도 걸리며, 발아래 320도로 펼쳐진 시야는 쇼도시마섬과 메기지마섬은 물론 다카마쓰의 풍경까지 생생하게 담아낸다. 그 옆으로 지형과 조화를 이루도록 기복과 곡선을 살린 200m 회랑형의 독특한 건축물, 야시마루가 자리한다. 회랑을 걸어가며 다양한 각도와 높이에서 바다를 바라보며 전시물을 함께 감상하도록 설계되어 있다. 입구에는 수족관은 물론 가족여행에 친화적인 스폿이 많다.

지도 P.144-C1 **주소** 香川県高松市屋島東町 **전화** 087-841-9443 **홈페이지** www.yashima-navi.jp **운영** 전망대 상시 개방, 시설 일부 09:00~17:00(금·토요일·공휴일 전날~21:00) **가는 방법** JR 야시마역(屋島駅) 또는 고토덴 야시마역(琴電屋島駅)에서 정기 셔틀버스로 야시마산 정상까지 운행 **발음** 야시마 텐보다이

야시마지 屋島寺

전망대 입구에 자리한 고즈넉한 사찰로, 중국 당나라의 감진화상이 754년 창건했다. 815년에는 진언종 창시자인 코보대사가 십일면 천수관음상을 조각하여 본존으로 안치하면서 이 절의 명성이 올라가기 시작했다. 시코쿠 88곳 사찰 순례의 길 오헨로(하단 팁 참고) 중 84번째에 해당하여 많은 방문객이 찾고 있으며 곳곳에서 순례자 복장을 갖춘 사람들을 흔하게 만날 수 있다. 절의 규모는 작으나, 유물을 보관한 기념관과 일본 3대 너구리 석상, 칠복신 등 볼거리가 풍성하여 전망대로 가기 전 잠시 시간을 내어 둘러볼 가치가 있다. 절 안내소에서 재미 삼아 오미쿠지를 뽑아 운세를 점쳐보는 것도 잊지 말자.

지도 P.144-C1 주소 香川県高松市屋島東町1782-1 **전화** 087-841-9418 **홈페이지** 88shikokuhenro.jp/84yashimaji **운영** 08:00~17:00 **요금** 사찰 박물관·특별전시는 유료 **가는 방법** 야시마산 전망대 입구에 위치 **발음** 야시마지

> **Tip** 일본의 산티아고 순례길, 오헨로
>
> 시코쿠 4개 현에 산재한 88개 사찰을 순례하는 길이다. 일본 헤이안 시대 승려 구카이(空海, 774~835) 대사의 발자취를 따라 시코쿠 해안가를 1,200~1,400km 정도 도보, 자전거, 버스, 택시 등으로 일주하는 여정이다. 88개 사찰을 순례하는 동안 인간의 88가지 번뇌가 소멸하고 깨달음을 얻어 소망이 성취된다고 전해진다. 도보 순례는 대략 두 달 가까이 소요되는 긴 여정이지만, 많은 일본인이 평생에 한 번 걷고 싶어 하는 길로 손꼽으며, 한국인 순례자도 점차 증가하는 추세다. 순례를 시작하기 전, 1번 사찰인 료젠지에서 순례에 필요한 백의, 삿갓, 지팡이, 납경장 등을 구매할 수 있으며, 모든 사찰을 순례하는 것이 원칙이나 최근에는 종교적 의미보다는 개인적인 동기에서 순례하는 이가 많아져 자신이 편한 곳에서 시작하는 경우도 늘고 있다. 전철이나 버스, 번화가에서 순례 복장을 갖추고 걷는 사람들을 어렵지 않게 볼 수 있다.
>
> **책에 소개된 오헨로 사찰** 다카마쓰 야시마지(P.55), 젠쓰지(P.61)
>
> **홈페이지** 88shikokuhenro.jp

다카마쓰 중앙 상점가

高松中央商店街

시코쿠 지역 최대 규모의 아케이드형 상점가로, 다카마쓰시 도심을 동서로 가로지르며 여러 구간이 연속적으로 이어진다. 총 2.7km에 달하는 거리에 효고마치, 가타하라마치, 마루가메마치, 라이온도리, 미나미신마치, 도키와마치, 타마치 등 총 8개 상점가가 조성되어 있다. 쇼핑, 식사, 휴식, 산책을 한 번에 해결할 수 있어 날씨와 계절에 구애받지 않고 거닐 수 있다. 상점가를 따라 다카마쓰의 유명 체인 호텔은 물론, 우동이나 호네츠키도리 같은 명물 음식을 맛볼 수 있는 식당, 주요 프랜차이즈, 백화점과 쇼핑몰이 즐비하여 다카마쓰를 찾는 여행자들에게는 그야말로 오아시스와 같은 공간이라 할 만하다. 효고마치와 마루가메마치가 교차하는 지점에 설치된 거대한 그랜드돔 아래 수많은 명품 매장이 입점해 있어 마치 밀라노에 와 있는 듯한 분위기를 자아낸다. 이곳에서는 연중 다채로운 행사와 공연이 펼쳐지며, 대도시 못지않은 뜨거운 열기를 느낄 수 있다.

+Plus 다카마쓰의 대표적인 상점가

효고마치 상점가 高松兵庫町商店街

다카마쓰 상점가 중 기차역과 중심가에서 가장 가까운 곳에 자리한다. 입구에는 도요코인, 도큐레이 등 여러 호텔 체인과 편의시설이 밀집해 있어 이곳을 거점으로 삼아 편리하게 이동할 수 있다. 상점가 안에는 사누키면업을 비롯한 여러 우동집과 호네츠키도리 등 맛집들이 곳곳에 자리하며, 카페, 잡화점, 식품점 등 다양한 업종의 상점들이 모여 있다. 이 상점가를 지나면 곧바로 마루가메마치 상점가와 연결된다.

지도 P.146 **주소** 香川県高松市兵庫町10-10 **전화** 087-822-0373 **홈페이지** www.hyougomachi.com **운영** 매장마다 상이 **가는 방법** JR 다카마쓰역(高松駅)에서 도보 10분 **발음** 효고마치 쇼텐가이

마루가메마치 상점가 丸亀町商店街

다카마쓰에서 쇼핑과 식사를 즐기기에 가장 훌륭한 곳이다. 지붕으로 덮여 있어 날씨에 구애받지 않으며, 미쓰코시 백화점은 물론 돈키호테를 비롯한 여러 드러그 스토어가 밀집해 있다. 다양한 카페와 가볍게 한잔할 수 있는 이자카야와 술집이 즐비한 거리와 가까우며, 미야와키 서점 본점, 무인양품, 다이소 등 잡화점도 쉽게 찾아볼 수 있다. 거리 중앙에 있는 스타벅스 2층에서는 매 시간 인형극이 펼쳐진다.

지도 P.146 **주소** 香川県高松市丸亀町 **전화** 087-823-0001 **운영** 매장마다 상이 **가는 방법** JR 다카마쓰역(高松駅)에서 도보 15분 **발음** 마루가메마치 쇼텐가이

기타하마 앨리 北浜アリー

한때 항만과 물류의 중심이었던 오래된 창고 지대를 재생한 복합 문화 공간. 낡은 벽돌 창고와 철골 구조물, 바다와 맞닿은 개방감이 어우러진 이곳은 과거의 산업 유산 위에 현대적 감성과 감각적인 상업 공간을 덧입혔다. 내부에는 카페, 레스토랑, 잡화점, 디자인 숍, 의류 편집숍, 소규모 갤러리 등이 있다. 획일적인 대형 상업 시설과 달리, 각 공간의 개성이 뚜렷한 것이 특징이며 오래된 목재 기둥, 녹슨 철골, 까슬까슬한 벽면 등은 의도적으로 보존했다. 바다를 바라보며 차를 마시는 카페 우미에를 비롯해 잡화점과 감각적인 레스토랑도 있어 함께 둘러보기 좋다. 다카마쓰항구에서 가까워 언제든 부담 없이 방문할 수 있다.

지도 P.145-B1 ▶ 주소 香川県高松市北浜町4-14 전화 087-834-4335 홈페이지 www.kitahama-alley.com 운영 공간은 상시 개방, 가게마다 오픈 시간 상이 가는 방법 JR 다카마쓰역(高松駅)에서 도보 15분 또는 고토덴 가타하라마치역(片原町駅)에서 도보 5분 발음 기타하마 앨리

시코쿠무라 四国村ミウゼアム

시코쿠 각지에서 옮겨온 오래된 민가를 복원하여 조성한 민속마을이자 야외 박물관. 에도 시대부터 다이쇼 시대에 이르기까지의 주택, 작업장, 하숙집, 극장, 쌀 창고, 간장 양조장 등이 있으며, 모두 실제로 사용했던 건물들이다. 자연과의 조화로운 배치와 건물의 조형미가 인상적이며, 새소리와 함께 폭포와 계곡에서 흐르는 물소리를 들으며 힐링을 만끽할 수 있다. 쇼도시마에서 이전해 온 농촌 가부키 극장, 마루가메번의 쌀 창고, 내부 생활상을 생생하게 재현한 옛 저택과 창고 등을 모두 둘러보려면 적어도 반나절 넘게 걸린다. 관내에서는 유명 건축가 안도 다다오가 설계한 시코쿠무라 갤러리와 더불어 고베의 이진칸을 옮겨와 서양식으로 꾸민 찻집도 만나볼 수 있다. 야시마산으로 올라가는 입구에 위치한다.

지도 P.144-C1 ▶ 주소 香川県高松市屋島中町91 전화 087-843-3111 홈페이지 www.shikokumura.or.jp 운영 09:30~17:00(화요일 휴무) 요금 성인 ¥1,600, 대학생 ¥1,000, 중고등학생 ¥600, 초등학생 이하는 무료 가는 방법 JR 야시마역(屋島駅)에서 도보 10분 또는 고토덴 야시마역(琴電屋島駅)에서 도보 5분 발음 시코쿠무라

붓쇼잔온천 仏生山温泉

다카마쓰 외곽에 자리한 이 온천은 에도 시대 옛 시가지인 붓쇼잔(仏生山)에 있다. 모던하고 세련된 건물 외관을 자랑하며 대욕탕과 노천탕, 휴게실과 식당도 갖춘 대규모 시설이다. 고토덴을 타면 시내에서 쉽게 갈 수 있고, 공항으로 가는 길목에 있어 다카마쓰를 떠나기 전에 잠시 들르기에도 좋다. 이곳 온천은 미인탕이라 불리는 중조천으로, 피부를 부드럽게 하는 효능이 있다고 한다. '히노키'와 '히바' 등으로 꾸민 야외 정원을 중심으로 노천탕, 실내 온탕, 냉탕이 마련되어 있으며, 샴푸와 보디워시 등 세면도구가 갖춰져 있어 편리하게 이용할 수 있다. 다양한 편의시설 중에서도 중고 서적과 간식 등을 판매하는 '50m 서점'이 눈에 띄며, 마룻바닥에 테이블이 놓인 공간에서 목욕 후 휴식을 취하거나 쇼핑을 즐길 수 있다. 자판기에서 유리병 우유를 뽑아 마시는 것도 인기이며, 카레, 우동, 빙수 등을 판매하는 식당이 있어 든든하게 식사하기에도 좋다. 이 건물은 2007년 굿디자인상을 수상했다.

지도 P.144-B2 **주소** 香川県高松市仏生山町乙114-5 **전화** 087-889-7750 **홈페이지** busshozan.com **운영** 평일 11:00~24:00(마지막 입장 23:00), 토·일요일·공휴일 09:00~24:00(마지막 입장 23:00) **요금** 성인(중학생 이상) ¥700, 어린이(3세 이상) ¥350, 3세 미만 무료 **가는 방법** 고토덴 붓쇼잔역(仏生山駅)에서 도보 약 10분 **발음** 붓쇼잔 온센

+Plus 조금은 멀지만, 가볼 만한 다카마쓰 교외 여행지

기차와 배, 버스를 이용해 다카마쓰에서 조금만 멀리 나가면 색다른 여행지가 눈 앞에 펼쳐진다. '일본의 우유니'라 불리는 해변과 천수각이 있는 마루가메 등 다양한 곳으로 떠나보자.

치치부가하마 父母ヶ浜

'일본의 우유니' 또는 '일본의 몰디브'라는 수식어로 널리 알려진 해변이다. SNS에서 인기 있는 포토 스폿으로 알려져 많은 이가 즐겨 찾는 명소가 되었다. 특히 해 질 녘, 해가 수평선 가까이 내려앉고 하늘의 색감이 다채롭게 변하는 매직 아워 전후 20~30분 동안 사람들은 저마다 최고의 순간을 담기 위해 일제히 포즈를 취한다. 이때 바람이 잦아들어 수면이 잔잔해지면 하늘과 구름, 실루엣까지 선명하게 반사되어 마치 물 위에 떠 있는 듯한 환상적인 착각을 불러일으킨다. 썰물 때 드러나는 물웅덩이 덕분에 하늘과 땅이 데칼코마니처럼 완벽하게 대칭을 이루는 풍경은 남미의 우유니 사막을 떠올리게 한다. 오후 간조 시간에는 바람이 잔잔하여 바다가 고요하므로, 사진 촬영에 가장 이상적인 시간대이니 방문 시 참고하자. 주변에는 편의점과 카페 등 다양한 편의시설이 있다.

지도 P.143-C1 ▶ 주소 香川県三豊市仁尾町仁尾乙203-3 홈페이지 www.mitoyo-kanko.com/eng/chichibugahama, 운영 상시 개방 가는 방법 다카마쓰역에서 요산선을 타고 타쿠마역(詫間駅)에서 하차 후 버스로 환승해 치치부가하마(父母ヶ浜)에서 하차 발음 치치부가하마

마루가메성 丸亀城

현재까지 원형을 유지하고 있는 일본 전국 12개 목조 천수 중 하나로서, 마루가메시 한복판에 자리한다. 해발 약 66m인 가메야마(亀山) 정상부에 축성된 평산성으로, 일본 전국에서도 손꼽히는 고층 석벽을 층층이 쌓아 올린 입체적 구조가 특징이다. 성곽 아래에서 올려다보면 여러 단으로 겹쳐진 성벽이 수직에 가깝게 솟구치며 성 전체를 하나의 거대한 석조 요새처럼 보이게 한다. 산을 조금 올라야 하는 수고는 있지만, 마루가메 시가지는 물론 세토내해와 주변 섬들까지 한눈에 들어오며 시코쿠의 후지산이라 불리는 이이노산도 조망할 수 있다. 봄에는 벚꽃이 만발하고 가을에는 단풍이 드니, 계절에 맞춰 방문하는 것도 좋다.

지도 P.143-C1 ▶ 주소 香川県丸亀市一番丁 홈페이지 www.city.marugame.lg.jp/site/castle 운영 [천수각] 09:00~16:30(마지막 입장 16:00) 요금 성인 ¥400, 중학생 이하 무료 가는 방법 JR 마루가메역(丸亀駅) 하차 후 도보 15분 발음 마루가메조

젠쓰지 善通寺

시코쿠 88개 순례지 제75번 사찰이자, 고보 대사 구카이의 탄생지로 널리 알려져 있다. 사찰은 크게 탄생지 영역인 '탄조인(誕生院)'과 본래 사찰의 기능을 수행하는 '곤고부지(伽藍) 구역'으로 나뉜다. 두 구역은 서로 다른 성격을 지니고 있으나 하나의 종합 사찰로 연결되는데, 이러한 이중 구조가 이곳의 특징 중 하나로 꼽힌다. 경내 면적은 시코쿠의 여러 사찰 중에서도 손꼽힐 정도로 넓으며, 오헨로 순례길에서 가장 큰 규모를 자랑한다. 경내 중심에는 전통 형식을 충실히 반영한 오층탑이 우뚝 솟아 있으며, 주변의 중문, 금당, 강당과 조화롭게 배치돼 대칭적인 사찰 공간을 이룬다. 오층탑과 금당을 잇는 축은 사진 촬영 명소로도 자주 거론된다. 금당 내부에는 주요 불상이 봉안되어 있으며, 의외로 내부 장식은 화려하지 않고 차분한 분위기를 자아낸다. 구카이의 탄생과 관련된 유물과 신앙 공간은 탄조인에 집중적으로 배치되어 있다. 경내에는 지하 통로를 따라 완전한 암흑을 체험할 수 있는 '계단길 체험' 공간이 마련되어 있다. 벽면을 손으로 더듬으며 걷는 체험은 방문객들에게 흥미로운 경험을 선사한다.

지도 P.143-C1 ▶ 주소 香川県善通寺市善通寺町3-3-1 홈페이지 zentsuji.com 운영 [경내] 상시개방, [보물관] 08:00~16:30 요금 [보물관] 성인(고등학생 이상) ¥500, 어린이(초등학생·중학생) ¥300 가는 방법 JR 젠쓰지역(善通寺駅)에서 하차 후 도보 15분 발음 젠쓰지

제니가타 스나에 銭形砂絵

1633년 당시, 이 지역 영주를 맞이하기 위해 주민들이 하룻밤 만에 만들었다고 전해지는 거대한 모래 그림이다. 에도 시대 동전인 '간에이 쓰호(寛永通宝)' 모양을 지름 약 120m, 둘레 300m가 넘는 웅장한 규모로 만들어 산 뒤편 전망대에서도 전경을 감상할 수 있다. 현재는 정기적인 보수 작업을 통해 형태를 보존하고 있으며, 태풍과 비바람에 훼손된 부분은 지역 주민과 자원봉사자

들의 손길로 복원된다. 모래의 질감과 음영은 주변 소나무 숲과 뚜렷한 대비를 이루며, 해 질 무렵에는 바닷빛과 하늘색이 어우러져 마치 금빛 동전처럼 보여 황홀한 인상을 선사한다. 렌터카로 편리하게 방문할 수 있으며, 인근의 치치부가하마와 함께 연계하여 둘러보는 것을 추천한다.

지도 P.143-C1 ▶ 주소 香川県観音寺市有明町14 운영 24시간 가는 방법 JR 간온지역(観音寺駅)에서 지역 버스를 타고 고토히키 공원(琴弾公園) 하차 후 도보 이동 발음 제니가타 스나에

+PLUS AREA
고토히라 琴平

다카마쓰의 인기 근교 여행지. 바다의 신인 곤피라상 참배로 이름난 고토히라궁이 785계단 끝에 자리한다. 오르는 길은 고되지만, 구경하는 재미가 쏠쏠하다.

📍 '지도 키워드'는 구글 맵스(Google Maps)에서 사용 가능한 검색 키워드로, 애플리케이션을 실행 후 키워드를 입력하면 목적지를 쉽게 찾을 수 있습니다.

다카마쓰에서 고토히라 가는 법
고토덴 다카마쓰칫코역(高松築港駅) 또는 가와라마치역(瓦町駅)에서 고토히라선으로 고토덴 고토히라역(琴電琴平駅)에서 하차(약 1시간), 또는 JR 다카마쓰역(高松駅)에서 출발해 도산선을 타고 고토히라역(琴平駅)에서 하차(약 55분)

고토덴 고토히라역 琴電琴平駅

다카마쓰에서 이어지는 사철 '고토덴'의 종착역이자, 고토히라 지역 여행을 시작하는 역사다. 이 역은 교통 거점일 뿐만 아니라, 지역의 역사와 일상을 고스란히 담고 있다. 철도 개통 초기부터 지역 교통을 책임져온 이 역은 전통적인 목조 구조와 고풍스러운 형태를 비교적 잘 보존하고 있어, 오래된 지방 철도의 정취를 물씬 느낄 수 있다. 역 내부와 승

강장에는 현대적인 시설과 복고풍 분위기가 조화롭게 어우러져, 마치 과거와 현재가 공존하는 듯한 인상을 준다. 현재도 많은 이가 인증 사진을 찍는 이곳은 고토히라의 관문 역할을 톡톡히 수행한다.

주소 香川県仲多度郡琴平町字川東360-22 **전화** 087-831-6008 **홈페이지** www.kotoden.co.jp **운영** 05:00~23:00
가는 방법 고토덴 고토히라선(琴平線)을 타고 종점 하차 **발음** 고토덴 고토히라에키 **지도 키워드** 고토히라역

고토히라궁 金刀比羅宮

입구에서 총 785계단을 오르면 웅장한 신궁
이 모습을 드러내는데, 이곳 본궁에서는 '곤피
라상'이라 칭하는 바다의 신을 모시고 있다. 일
본 전역의 선원과 상인들이 신의 보호를 기원하
며 참배하던 곳으로, 에도 시대 이후에는 '한 번
쯤 꼭 올라가야 할 성지'로 여겨졌다. 건물은 산
중턱에서 정상까지 이어져 있으며, 오모테산
도 계단을 중심으로 본궁까지 약 785계단, 최
종 상봉까지는 1,368계단에 달하는 장대한 참
배 동선이 특징적이다. 일본 전통 신궁 양식을
따르면서도, 장식과 목재의 디테일이 정교하고
웅장함을 자랑한다. 본궁은 산 중턱 단 위에 자
리 해 주변 풍경과 아름다운 조화를 이루며, 경
내 곳곳에 놓인 배 모양의 공양물, 바다와 항해
관련 상징물은 고토히라궁의 정체성을 뚜렷하
게 드러낸다. 경내에는 문화재급 건축물과 전
각이 즐비하며, 신사와 함께 발달해온 고토히
라 마을의 역사 또한 자연스레 느껴진다. 참배
길 곳곳에는 휴식을 취할 수 있는 정자와 아름
다운 전망을 감상할 수 있는 포인트, 상점들이
있어, 예전 참배 문화의 흔적을 오늘날까지 고
스란히 전해준다.

주소 香川県仲多度郡琴平町892-1 **전화** 087-775-2121 **홈페이지** www.konpira.or.jp
운영 06:00~18:00 **가는 방법** 고토덴 고토히라역(琴電琴平駅)에서 참배길을 따라 도보로
30분 **발음** 고토히라구 **지도 키워드** 고토히라 돌계단

고토히라궁 보물관 金刀比羅宮 宝物館

고토히라 곤피라궁으로 이어지는 참배로에 자리한 이곳은 에도 시대부터 전국 각지의 선주, 상인, 무사들이 '바다의 신'에게 바친 봉납품을 전시하고 있다. 무기, 갑주, 의식용 도구, 회화와 서예, 항해 관련 물품 등 화려한 유물들이 인상적이다. 1905년에 세워진 중후한 건물은 현재까지 전시 공간으로 활용되고 있으며, 건물 자체로도 오랜 역사를 자랑한다.

주소 香川県仲多度郡琴平町892-1 **전화** 087-775-2121 **홈페이지** www.konpira.or.jp **운영** 09:00~17:00(입장 마감 16:30) **요금** 성인 ¥800, 대학생·고등학생 ¥400, 중학생 이하 무료 **가는 방법** 고토덴 고토히라역(琴電琴平)에서 도보 20분 **발음** 고토히라구 호모쓰칸 **지도 키워드** Kotohiragu Treasures

다카하시 유이치관 高橋由一館

일본 최초의 서양화가로 불리는 다카하시 유이치의 작품을 전시하는 미술관이다. 일본이 서양 문물을 본격적으로 받아들이던 메이지 초기에 활동한 그는, 유화 재료와 기법을 체계적으로 도입하여 일본 회화사에 '유화라는 새로운 언어'를 정립한 인물로 평가받는다. 전통화의 배경에 서양식 화법을 사용한 그림이 특징이며, 긴 계단을 오르느라 지친 참배객들이 잠시 쉬어가며 숨을 고를 수 있는 공간이다.

주소 香川県仲多度郡琴平町892-1 **전화** 087-775-2121 **홈페이지** www.konpira. or.jp **운영** 09:00~17:00(입장 마감 16:30) **요금** 성인 ¥500, 대학생·고등학생 ¥300, 중학생 이하 무료 **가는 방법** 고토덴 고토히라역(琴電琴平駅)에서 도보 20분 **발음** 다카하시 유이치칸 **지도 키워드** 타카하시 유이치 관

오모테 서원 表書院

고토히라궁에서 열리는 여러 의식과 참배를 위해 찾아온 사람들을 접대하는 공간으로, 17세기 중엽에 지어졌다. 본래 신궁을 찾은 다이묘와 고위 인사들을 접대하고, 의례나 중요한 협의를 진행하던 일종의 공식 응접 공간이었기에, 건축부터 장식, 동선까지 철저히 고려해 설계했다. 에도 시대 화가 마루야마 오쿄가 그린 뛰어난 장벽화가 유명하며, 서원과 함께 중요 문화재로 지정되었다. 시기에 따라 문을 닫을 수 있으므로, 사전에 정보를 확인해보는 것이 좋다.

주소 香川県仲多度郡琴平町892-1 **전화** 087-775-2121 **홈페이지** www.konpira.or.jp **운영** 09:00~16:00 **요금** 성인 ¥800, 대학생·고등학생 ¥400, 중학생 이하 무료 **가는 방법** 고토덴 고토히라역(琴電琴平駅)에서 도보 25분 **발음** 오모테쇼인 **지도 키워드** 고토히라궁 오모테서원

킨료 사케 뮤지엄 양조장 金陵の郷

가가와를 대표하는 전통 사케 브랜드인 킨료(金陵)의 옛 양조장을 개조하여 만든 공간에서 에도 시대부터 이어져온 양조 기술과 일본주 문화를 한눈에 조망할 수 있다. 건물, 마당, 전시동이 마치 작은 마을처럼 구성되어 있어, 거니는 동안 자연스레 사케의 과거와 현재를 잇는 경험을 할 수 있다는 점이 돋보인다. 에도 후기부터 이어져온 사케 양조의 전통이 현대에 이르기까지 어떻게 계승되었는지, 일본의 양조 기술은 어떠한 환경과 재료, 장인의 손길을 거쳐 완성되는지를 단계별로 상세히 살펴볼 수 있도록 구성되어 있다. 쌀을 씻고 찌는 과정에 사용했던 대형 증기, 발효를 담당하던 통, 운반에 활용되었던 다양한 목재와 대나무 도구들은 시간의 흔적을 고스란히 간직하고 있어, 사진이나 설명만으로는 온전히 느끼기 어려운 양조장의 분위기를 생생하게 전달한다. 더불어 사케가 지

역의 기후, 수질, 풍토와 얼마나 긴밀하게 연관되어 있는지를 설명하는 패널 전시가 마련되어 있어, 단순한 제조 공정 소개를 넘어 '왜 이곳에서 이러한 사케가 탄생하게 되었는가'라는 심오한 질문에 대한 해답을 제시하고자 한다. 관람을 마치고 나오는 길에 사케를 직접 구매할 수 있는 상점이 연결되어 있어, 선물용으로 구입하기에도 안성맞춤이다.

주소 香川県仲多度郡琴平町623 **전화** 087-773-4133 **홈페이지** www.nishino-kinryo.co.jp **운영** 평일 09:00~16:30, 토·일요일·공휴일 09:00~17:30(입장 마감은 마감 30분 전까지) **요금** 무료 **가는 방법** 고토덴 고토히라역(琴電琴平駅)에서 도보로 약 6~8분 **발음** 킨료노사토 **지도 키워드** 킨료 사케 뮤지엄 양조장

나카노 우동학교 中野うどん学校 琴平校

많은 매체에서 '우동학교'로 소개되어 우리에게도 친숙한 이곳에서는 우동 선생님의 지도 아래 신나는 우동 만들기를 체험할 수 있다. 고토히라궁으로 향하는 참배로에 자리해 접근성이 좋으며, 면 만들기의 전 과정을 음악에 맞춰 남녀노소 누구나 즐겁게 체험할 수 있다. 미리 숙성해둔 반죽을 직접 밀대로 밀어 삶아 시식하거나 가져갈 수 있고, 만든 우동은 바로 옆 식당에서 맛볼 수 있다. 체험 시간은 40~50분 정도이며, 식사까지 포함하면 약 90분이 소요된다. 모든 체험을 마치면 우동 만들기 비법과 옛 지도가 그려진 증서를 받을 수 있다. 홈페이지에서 예약이 가능하다.

주소 香川県仲多度郡琴平町796 **전화** 087-775-0001 **홈페이지** www.nakanoya.net **운영** 08:30~18:00(체험은 예약 필수, 2명 이상) **요금** 1인당 ¥1,600 **가는 방법** 고토덴 고토히라역(琴電琴平駅)에서 도보 10분 **발음** 나카노 우돈 가쿠코 고토히라코 **지도 키워드** 나카노우동학교 코토히라점 A관

카미츠바키 カフェ＆レストラン

고토히라 신궁으로 향하는 500계단에 자리한 카페 겸 레스토랑으로, 유명 코스메틱 브랜드 시세이도가 운영한다. 창밖 풍경을 감상하며 커피나 이곳 명물인 파르페를 즐기는 이가 많다. 훌륭한 인테리어는 물론, 다채로운 디저트와 음료 메뉴 덕분에 식사뿐 아니라 티타임을 즐기기에도 안성맞춤이다. 창가 좌석과 휴식 공간이 잘 마련되어 있어, 여유롭게 머물다 가기 좋다. 신궁으로 향하는 수고로움을 넉넉히 보상해주는 곳이라 할 만하다.

주소 香川県仲多度郡琴平町892-1 **전화** 087-773-0202 **홈페이지** kamitsubaki.com **운영** 10:00~17:00(마지막 주문 16:30) **가는 방법** 고토덴 고토히라역(琴電琴平駅)에서 참배길 따라 도보 25분 **발음** 카미츠바키 **지도 키워드** 카미츠바키

+PLUS AREA
나오시마 直島

다카마쓰에서 가장 인기 있는 섬 여행지 중 하나로, 현대미술과 자연이 공존하는 예술의 섬이다. 항구에 내리는 순간부터 마을과 바다, 건축이 하나의 전시장이 된다.

다카마쓰에서 나오시마 가는 법
다카마쓰항(高松港)에서 페리를 타고 미야노우라항(宮浦港)으로 이동, 일반 페리 하루 약 5회 50분 소요, 고속선 하루 약 3~4회, 30분 소요

미야노우라항 宮浦港

다카마쓰항에서 출발하는 여행객이 나오시마에 처음 닿는 관문과 같은 항구다. 항구에는 매표소와 화장실, 간단한 먹거리를 파는 카페와 선물가게가 함께 자리한다. 근처에는 전동자전거를 빌릴 수 있는 렌털숍이 있으며 맞은편에는 이곳의 상징 중 하나인 쿠사마 야요이의 작품 '빨간 호박'이 우뚝 서 있어 포토 존으로 인기를 끌고 있다. 작품 곳곳에 뚫린 구멍을 통해 내부를 감상하는 것도 가능하다. 크고 작은 27개 섬으로 이루어진 나오시마를 28번째 섬이라는 테마로 형상화한 조각 작품, '나오시마 파빌리온'도 새로운 볼거리로 떠오르고 있다. 인근에 식당과 카페가 밀집해 있어, 배편 시간을 넉넉히 잡고 둘러보기에 안성맞춤이다.

주소 香川県香川郡直島町宮ノ浦2249-40 홈페이지 naoshima.net 운영 09:00~18:00(관광안내소 기준) 발음 미야노우라코우 지도 키워드 시고쿠기선 미야노우라항

+Plus 예술의 섬 나오시마, 어떻게 둘러보면 좋을까?

예술의 섬 나오시마를 제대로 즐기려면 '동선, 시간, 목적'을 명확히 해야 한다. 세토내해에 있는 작은 섬 나오시마는 당일치기로도 방문할 수 있지만, 작품의 밀도와 이동 시간을 감안하면 1박 2일 일정이 가장 적합하다.

1. 나오시마 여행의 중심, 베네세 아트 사이트

미술관, 야외 설치미술, 숙박 시설이 결합되어 섬 전체가 전시장처럼 연결된 구조다. 베네세 하우스 미술관, 이우환 미술관, 그리고 가장 유명한 '노란 호박'이 있는 해안도 이 구역에 속한다.

2. 예약은 필수, 지중미술관은 오전에 가자

안도 다다오의 대표작인 지중미술관은 지하에 건축물을 짓고 자연광을 활용한 전시로 명성이 높다. 입장 시간이 정해져 있으므로 사전 예약은 필수이며, 동선상 오전에 방문하는 것을 추천한다. 오후로 미루면 대기 시간과 이동 시간이 늘어나 체력 소모가 클 수 있다.

3. 마을 속 예술, 이에 프로젝트

혼무라 지역의 이에 프로젝트는 폐가나 오래된 가옥을 개조하여 만든 소규모 전시들로 이루어져 있다. 미술관들이 흩어져 있는 골목길을 거닐며 작품을 감상하는 방식이 이곳과 잘 어울린다. 오후 시간대에 방문하여 여유롭게 둘러보는 것이 좋다.

4. 이동은 버스와 전기자전거를 활용하자.

섬은 작지만 언덕이 많고 구간이 길게 뻗어 있다. 미야노우라항, 혼무라, 베네세 구역을 연결하는 마을버스를 주로 이용하고, 혼무라 내부에서는 전기자전거를 타는 것이 효율적이다. 성수기에는 전기자전거 대여가 빨리 마감되므로 항구에 도착하는 즉시 확보하는 것이 좋다.

집(이에) 프로젝트 家プロジェクト

나오시마 중심부인 혼무라 지역의 오래된 민가, 사찰, 신사 등을 보수하여 예술 작품으로 재해석한 것이 바로 이 독특한 프로젝트다. 단순히 작품을 '보러 가는' 것이 아니라, 마을 골목을 거닐며 집 하나하나를 탐험하듯 체험하는 방식이기에 미술 감상과 동네 산책이 자연스럽게 어우러진다. 각 공간은 외형상 전통 가옥의 형태를 유지하고 있으나, 내부에 들어서는 순간 색다른 공간 체험을 만끽할 수 있다. 가도야, 미나미데라, 긴자, 고오신사, 이시바시, 고카이쇼, 하이샤 등 7곳이 작품으로 공개 중이며, 예약 필수인 긴자와 미나미데라를 제외한 5곳은 통합권으로 관람할 수 있다.

(혼무라라운지) **주소** 香川県香川郡直島町宮ノ浦850-2 **전화** 087-840-8273 **홈페이지** benesse-artsite.jp **운영** 10:00~16:30(입장 마감 16:15), 월요일 휴무 **요금** [(미나미데라와 긴자를 제외한 5개 아트하우스) 콤보 티켓] 온라인 구매 시 ¥1,200, 현장 구매 시 ¥1,400, 15세 이하 무료, [단편 티켓] 온라인 구매 시 ¥600, 현장 구매 시 ¥700, 15세 이하 무료 **가는 방법** 항구에서 나오시마 버스를 타고 혼무라 방면으로 하차 또는 자전거를 타고 약 15분 **발음** 이에 프로젝트

이시바시 石橋

메이지 시대, 제염업으로 이름을 날렸던 이시바시 가문의 저택이 예술 작품으로 재탄생한 공간이며, 뜰에는 돌다리가 놓여 있다. 현대 예술가 히로시 센주는 이 공간의 옛 형태를 보존하면서도 현대적인 미감을 곳곳에 불어넣었다. 특히 어둡고 차분한 실내에 설치된 '폭포' 연작은, 실제로 물이 흐르지 않음에도 불구하고 쏟아지는 물소리와 냉기가 느껴질 만큼 강렬한 몰입감을 선사한다는 평을 받는다.

주소 香川県香川郡直島町本村1122-1 **운영** 10:00~12:00, 13:00~16:30, 월요일 휴무 **요금** 온라인 구매 시 ¥600, 현장 구매 시 ¥700, 15세 이하 무료 **가는 방법** 혼무라 지구에서 도보 5분 **발음** 이시바시 **지도 키워드** 이에프로젝트 이시바시

가도야 角屋

혼무라 지구 골목에 자리한 200년 된 목조 가옥은 한동안 비어 있다가 1998년 아트하우스 프로젝트의 시작점으로 선정되었다. 겉보기엔 평범하지만, 내부에 들어서는 순간 전혀 다른 세상이 펼쳐진다. 중심에 자리 잡은 작품은 'Sea of Time 1998(시간의 바다 1998)'로, 방 한가운데 실내 연못을 바라보면 물속 깊이 LED 숫자 카운터들이 반짝이는 것을 볼 수 있다. 총 125개의 디지털 숫자가 각각 1부터 9까지 변하며 시간의 흐름을 상징한다.

주소 香川県香川郡直島町803-1 **운영** 10:00~12:00, 13:00~16:30, 월요일 휴무 **요금** 온라인 구매 시 ¥600, 현장 구매 시 ¥700, 15세 이하 무료 **가는 방법** 혼무라 지구에서 도보 이동 **발음** 가도야 **지도 키워드** 이에프로젝트 카도야

하이샤 はいしゃ

일본어로 '치과'를 뜻하는 하이샤는 실제로 과거 치과였던 건물을 예술 공간으로 개조한 작품이다. 시간이 흐르며 쇠락하고 버려졌으나, 이에 프로젝트 덕분에 새로운 생명을 얻었다. 이곳을 총괄한 오타케 신로는 '꿈'이라는 주제를 다양한 방식으로 표현했다. 여러 작품을 통해 관람자에게 사유와 성찰의 기회를 제공한다. 특히 1, 2층 전체를 차지하는 '자유의 여신상'은 이질적이면서도 묘하게 조화를 이루어 '꿈'이라는 주제를 관람자에게 강렬하게 전달한다.

주소 香川県香川郡直島町985-2 **운영** 10:00~12:00, 13:00~16:30, 월요일 휴무 **요금** 온라인 구매시 ¥600, 현장 구매시 ¥700, 15세 이하 무료 **가는 방법** 혼무라 지구에서 도보 이동 **발음** 하이샤 **지도 키워드** 이에프로젝트 하이샤

고오신사 護王神社

작은 신사를 현대미술로 재해석한 공간이다. 신사 본래의 공간성과 일본 전통 신앙을 존중하는 동시에, 동시대 예술적 감각을 더하여 '섬의 일상 속에 예술이 스며드는 방식'을 가장 잘 보여주는 장소로 손꼽힌다. 얼음처럼 보이는 유리 계단과 아래편 동굴로 들어가면 눈길을 끄는 신사 아랫부분의 모습이 인상적이다.

주소 香川県香川郡直島町宮ノ浦820 **운영** 10:00~13:00, 14:00~16:30, 월요일 휴무 **요금** 온라인 구매시 ¥600, 현장 구매시 ¥700, 15세 이하 무료 **가는 방법** 혼무라 지구에서 도보 이동 **발음** 고오진자 **지도 키워드** 이에프로젝트 고오우진자

미나미데라 南寺

1999년 개관한 아트하우스 프로젝트의 핵심 공간 중 하나다. 절터에 안도 다다오와 제임스 터렐이 함께 '빛과 어둠'을 주제로 한 예술 작품을 완성했다. 15분마다 일정 인원이 안내를 받

아 실내로 입장하게 되며 들어서는 순간 아무것도 보이지 않는 어둠이 펼쳐진다. 눈이 어둠에 익숙해질수록 공간 사이로 스며드는 빛을 느끼며 새로운 감각을 경험하게 되는 곳이다. 이에 프로젝트에서 가장 인기 있는 곳으로 손꼽힌다.

주소 香川県香川郡直島町本村 733 **운영** 10:00~16:30(마지막 입장 16:05) **요금** 온라인 구매 시 ¥600, 현장 구매 시 ¥700(사전 예약 권장) **가는 방법** 혼무라 지구에서 도보 이동 **발음** 미나미데라 **지도 키워드** 이에프로젝트 미나미데라

안도 뮤지엄 安藤美術館

이에 프로젝트와 별도로, 지어진 지 100년 정도 된 목조 가옥을 개축하여 안도 다다오의 미술관으로 탈바꿈시켰다. 세계적인 건축가 안도 다다오의 활동을 중심으로 나오시마 프로젝트의 설계도, 사진, 스케치, 모형 등을 배치하여 그의 매력을 한껏 느낄 수 있도록 구성했

다. 특히 지하 공간은 그의 시그니처인 노출 콘크리트로 조성했으며, 오래된 목재와 조화를 이룬 모습이 인상적이다. 기대만큼 볼거리가 풍성하진 않지만, 그의 팬이라면 방문할 가치는 충분하다.

주소 香川県香川郡直島町本村736-2 **전화** 087-892-3754 **홈페이지** benesse-artsite.jp **운영** 10:00~16:30(마지막 입장 16:00) **요금** 온라인 구매 시 ¥600, 현장 구매 시 ¥700, 15세 이하 무료 **가는 방법** 혼무라 지구에서 도보 이동 **발음** 안도 비주츠칸 **지도 키워드** 안도뮤지엄

지중미술관 地中美術館

나오시마에서 가장 인기 있는 명소이자, 안도 다다오의 대표작으로 손꼽힌다. 예약제로 운영되므로 사전 예약은 필수다. 늘 매진되므로 나오시마 여행 전에 미리 예약 상황을 확인해보는 것이 좋다. 세토내해를 굽어보는 언덕 위에 자리 잡았으며, 지하 깊숙이 들어갈수록 노출 콘크리트가 선사하는 예술의 깊은 울림을 온몸으로 느낄 수 있다. 사진 촬영은 엄격히 금지되어 있으며, 자연 경관과 조화를 이루는 독특한 매립 구조, 뒤틀린 기둥과 미로 같은 동선이 주는 즐거움을 만끽하다 보면 어느새 지중미술관이 자랑하는 3개 전용관, 즉 모네(Claude Monet), 제임스 터렐(James Turrell), 월터 드 마리아(Walter de Maria)의 작품만을 위해 맞춤 설계된 전시실을 둘러볼 수 있다.

주소 香川県香川郡直島町3449-1 **전화** 087-892-3755 **홈페이지** benesse-artsite.jp **운영** 3~9월 10:00~18:00, 10~2월 10:00~17:00 **요금** [평일] 온라인 예매 시 ¥2,500, 현장 예매 시 ¥2,800, [주말·공휴일] 온라인 예매 시 ¥2,700, 현장 예매 시 ¥3,000(대부분 매진되므로 온라인 사전 예매 필수) **가는 방법** 미야노우라항(宮浦港)에서 버스를 타고 쓰쓰지소(つつじ荘) 정류장까지 이동 후(10~15분) 무료 셔틀버스로 지중미술관행 이동(10분) 또는 항구에서 자전거를 타고 15분 **발음** 치추 비주츠칸 **지도 키워드** 지중미술관

+Plus 일본 최고의 건축가, 안도 다다오의 흔적을 좇다

노출 콘크리트, 빛과 그림자, 침묵에 잠긴 듯한 공간감. 안도 다다오(安藤忠雄)는 일본 현대 건축을 세계적인 반열에 올려놓은 거장이다. 그의 건축은 단순히 '보는 대상'을 넘어, 그 안에서 머무르며 다채로운 경험을 할 수 있는 공간에 가깝다. 시코쿠의 관문인 마쓰야마와 다카마쓰는 그의 건축 세계를 탐험하기에 더없이 좋은 출발점이 될 것이다.

다카마쓰에서 나오시마로, 응축된 건축 세계

다카마쓰는 안도 다다오 건축 여행에서 실질적인 '관문' 역할을 수행한다. 특히 항구 도시 다카마쓰에서 배를 타고 들어갈 수 있는 나오시마는 그의 건축 철학이 가장 응축된 공간이라 할 수 있다. 지중미술관과 베네세 하우스 뮤지엄으로 대표되는 이 섬에서 안도 다다오는 콘크리트를 땅속 깊이 묻고 빛과 자연을 건축의 핵심 요소로 승화했다.

절제된 콘크리트, 전통을 품다

다카마쓰 교외에 자리한 시코쿠무라 갤러리에서는 일본 전통 가옥들이 자리한 야외 민속박물관의 중심부에 안도가 특유의 절제미가 돋보이는 콘크리트 전시관과 갤러리를 조화롭게 배치했다. 이는 전통과 현대가 서로 충돌하지 않고 아름답게 공존하는 희귀한 사례이며, 나오시마의 '섬 건축'과는 또 다른 깊이와 밀도를 지닌 안도 다다오 건축의 정수를 보여준다.

풍경을 끌어안은 건축, 사유를 깊게 하다

마쓰야마에서도 안도 다다오 건축의 숨결을 느낄 수 있다. 오카이도에서 가까운 언덕 고지대에 자리 잡은 '언덕 위의 구름 뮤지엄(P.99)'이 바로 그곳인데, 이 미술관은 주변의 아름다운 풍경을 '전시물' 삼아 감상할 수 있도록 설계되었다. 창을 통해 들어오는 하늘과 구름, 계절의 변화는 내부 공간의 일부가 되고, 그 안에서 안도 다다오 특유의 침묵과 사유는 더욱 깊어진다.

베네세 하우스 뮤지엄의 대표 작품들

반복된 원형 구조로 시간의 축적을 표현한 설치 작품

산업적 재료와 기하학 구조가 돋보이는 대형 조각

푸른 색면의 겹침으로 바다의 깊이를 담은 추상화

강렬한 색채로 일상을 재해석한 파노라마 회화

이우환 미술관 李禹煥美術館

2010년에 세워진 이곳은 나오시마의 대표
적인 미술관이다. 일본의 예술운동인 모노
파(物派)의 이론적 토대를 만든 한국 화가인
이우환의 작품을 전시하고 있다. 베네세 하
우스 뮤지엄과 지중미술관 사이에 자리 잡은 이우환 미술관은 옆면과 뒷면이 산으로 둘러싸여 있으
며, 앞으로는 탁 트인 세토내해가 관람객을 맞이한다. 특히 거대한 아치 형태의 조형물인 '무한문'은
인기 있는 포토 스폿이며, 총 7개 작품이 전시된 '만남의 방', 어둠 속에서 자연석과 산업화를 상징하
는 철판이 마주하는 '침묵의 방' 등 여러 공간과 작품의 조화가 깊은 인상을 남긴다.

주소 香川県香川郡直島町字倉浦1390 **전화** 087-892-3754 **홈페이지** benesse-artsite.jp **운영** 10:00~17:00(마지
막 입장 16:30)(3~9월 ~18:00) **요금** 온라인 예매 시 ¥1,200, 현장 예매 시 ¥1,400, 15세 이하 무료 **가는 방법** 미야노
우라항(宮浦港)에서 버스를 타고 쓰쓰지소(つつじ荘) 정류장까지 이동한 후(10~15분) 무료 셔틀버스로 미술관 하차
또는 항구에서 자전거를 타고 20분 **발음** 리우환 비주츠칸 **지도 키워드** 이우환미술관

베네세 하우스 뮤지엄

ベネッセハウス ミュージアム

일종의 아트 호텔인 이곳은 안도 다다오가
설계하여 예술과 호텔을 접목한 복합 문화
공간이다. 건축 테마는 '자연, 건축, 예술의
공생'이다. 2층 리셉션을 통해 미술관으로
이어지며, 레스토랑, 작은 도서관, 카페 등
이 함께 자리한다. 다채로운 회화, 조각, 사
진이 전시되어 있으며, 나오시마의 다른 미
술관과 달리 플래시를 사용하지 않는다면
사진 촬영도 허용된다. 숙박객은 더 많은 공

간을 둘러볼 수 있으며, 레스토랑의 식사 또
한 훌륭하다. 자전거 대여도 가능하며, 셔틀버스가 수시로 운행된다.

주소 香川県香川郡直島町琴弾地 **전화** 087-892-3223 **홈페이지** benesse-artsite.jp **운영** 08:00~21:00(마지막 입
장 20:00) **요금** 온라인 예매 시 ¥1,300, 현장 예매 시 ¥1,500, 15세 이하 무료 **가는 방법** 미야노우라항(宮浦港)에서
버스를 타고 쓰쓰지소(つつじ荘) 정류장까지 이동 후(10~15분) 무료 셔틀버스 이용 또는 항구에서 자전거를 타고 20
분, 자전거 주차장에서 걸어서 15분 **발음** 베네세하우스 뮤지엄 **지도 키워드** 베넷세 하우스 뮤지엄

노란 호박 南瓜

나오시마를 대표하는 이미지와 풍경 덕분에 많은 이가 이곳을 필수 여행지로 손꼽는다. 쿠사마 야요이의 대표작으로 '빨간 호박'과 마찬가지로 1994년에 제작되었다. 쓰쓰지소 버스정류장에서 바다를 향해 자리 잡은 '노란 호박'은 바다와 어우러진 절경을 담으려는 사람들로 늘 붐빈다. 특히 일몰 시 석양이 더해져 더욱 환상적인 분위기를 자아낸다.

주소 香川県香川郡直島町字京ノ山3419 **전화** 087-892-2030(관광안내소) **운영** 상시관람 **가는 방법** 미야노우라항(宮浦港)에서 버스를 타고 쓰쓰지소(つつじ荘) 정류장 하차 **발음** 가보차 **지도 키워드** 나오시마 노란호박

나오시마 대중목욕탕 아이러브유 直島銭湯 「I♥湯」

미야노우라항에서 걸어서 갈 수 있는 거리에 독특한 외관을 자랑하는 대중목욕탕이 있다. 일본 작가 오타케 신로가 작업한 이 대중목욕탕 프로젝트는 쉽게 버려지고 외면되는 것들을 콜라주 방식으로 모아 설계했다. 한때 버려진 섬이었던 나오시마를 떠올리게 한다. 실제로 현지 주민들이 이용하는 목욕탕 내부는 타일 벽면, 천장, 욕조 주변 곳곳에 다양한 예술적 장식이 더해져 있어 숨겨진 디테일을 발견하는 재미가 쏠쏠하다. 뜨거운 물에 몸을 담그고 있으면 마치 작품 속에 들어와 있는 듯하다. 목욕탕에서 여독을 푼 후에는 커피우유를 마셔보자. 카운터에서는 오타케가 디자인한 수건, 티셔츠 등 다양한 기념품도 구입할 수 있다.

주소 香川県香川郡直島町宮浦290-1 **전화** 087-892-2288 **홈페이지** benesse-artsite.jp/en/art/naoshimasento.html **운영** 15:00~23:00(마지막 입장 22:30) **요금** 성인 ¥500, 초등학생 및 중·고등학생 ¥200, 미취학 아동 무료 **가는 방법** 미야노우라항(宮浦港)에서 도보 5분 **발음** 나오시마 센토 아이러브유 **지도 키워드** 공중목욕탕 아이러브유

카페 곤니치와
直島カフェコンニチハ

혼무라 지구에 자리 잡은 카페로, 미술관 관람이나 마을 산책 중 잠시 쉬어가기 좋은 곳이다. 전통 가옥을 개조한 깔끔한 인테리어가 돋보이며, 좌석 간 간격도 넉넉해 편안히 시간을 보낼 수 있다. 점심시간에는 식사도 제공하는데, 특히 곤니치와 카레(紺ニチハカレー)는 바닷가에 인접한 지리적 이점을 살려 해산물을 아낌없이 사용한다. 카레 못지않게 크림치즈 리조토 또한 인기 메뉴이며, 케이크 등 다양한 디저트도 맛볼 수 있다. 다만 영업시간이 유동적이므로 방문 전에 확인하고 가야 한다.

주소 香川県香川郡直島町845-7 **전화** 087-892-3308 **운영** 여름 10:00~20:00, 겨울 11:00~18:00 **가는 방법** 혼무라항(本村港)에서 도보 1분 **발음** 카훼 곤니치와 **지도 키워드** 나오시마 곤니치와

나오시마 키친 148 直島キッチン148

나오시마에서 안정적인 식사를 보장하는 캐주얼 레스토랑이다. 내부가 깔끔하고 좌석도 비교적 넉넉하여 관광 일정 중에도 편히 이용할 수 있다. 메뉴는 일본 가정식 플레이트, 카레, 고기 요리 등 부담 없이 즐기기 좋은 구성이 주를 이루며, 양과 맛의 조화가 훌륭해 든든한 식사를 원하는 이들이 주로 찾는다. 음료와 디저트 메뉴도 준비되어 있어 식사는 물론 잠시 쉬어가기에도 안성맞춤이다. 대표 메뉴는 오키나와식 타코라이스로, 밥 위에 맛

깔끔하게 양념된 미트, 치즈, 채소, 소스를 얹어 한 그릇만으로도 든든하다. 매운맛이 강하지 않아 누구나 부담 없이 즐길 수 있으며, 관광 중 빠르게 식사를 해결해야 할 때에도 제격이다.

주소 香川県香川郡直島町845-9 **전화** 090-8800-0148 **운영** 09:00~17:00 **가는 방법** 혼무라항(本村港)에서 도보 1분 **발음** 나오시마 킷친 **지도 키워드** naoshima kitchen 0148

나오시마 커피 直島コーヒー

혼무라 마을 초입, 해안가에 자리한 아담한 커피 전문점이다. 가게에
들어서는 순간 눈에 들어오는 창밖 풍경이 인상적이며, 자전거 라이더
와 바이커들이 잠시 쉬어가기 위해 들르곤 한다. 이곳의 자랑인 나오시
마 블렌딩 핸드드립커피와 에스프레소 메뉴는 완성도가 높으며, 원두의 풍미
가 돋보인다. 아이스커피와 라테 종류도 많아 계절에 구애받지 않고 즐기기 좋다. 간단한 디저트나
빵 종류도 준비되어 있어 잠시 쉬어가는 공간으로 활용하기에도 좋다. 나오시마 여행 중 잠시 여유
있게 커피 한 잔을 즐기기에 안성맞춤인 카페.

주소 香川県香川郡直島町3922-50 전화 090-3262-1263 홈페이지 www.instagram.com/naoshima_coffee
운영 4~9월 08:00~18:00, 10~3월 08:00~17:00, 화요일 휴무 가는 방법 혼무라항(本村港)에서 도보 15~20분 발음
나오시마 코히 지도 키워드 나오시마커피 1263

아카이토 커피

Akaito Coffee アカイトコーヒー

나오시마 혼무라 인근에 자리 잡은 이 카페는,
여행 일정 중 잠시 쉬어가기에 알맞은 규모와
분위기를 자랑한다. 전통 가옥을 리모델링한 이
카페는, 외관은 주변 마을 풍경과 조화롭게 어
우러지지만, 내부에 들어서면 목재 구조를 활용
한 아늑한 인테리어와 다양한 포토 존이 마련되
어 있어 편안하게 휴식을 취하기 좋다. 로스팅
향이 풍부한 드립커피와 라테 종류가 주력 메뉴
이며, 커피 맛이 안정적이어서 꾸준히 좋은 평
가를 받고 있다. 간단한 디저트와 함께 부담 없
이 시간을 보내기 좋으며, 좌석 간 간격도 넉넉
하여 편안하게 휴식을 누릴 수 있다. 혼무라 주
변의 이동 경로와 연계되어 있어 미술관이나 마
을 산책 중 잠시 들러 커피를 즐기기에 안성맞
춤이다.

주소 香川県香川郡直島町宮ノ浦2269 전화 090-7974-3778 운영 07:00~17:00 가는 방법 미야노우라항(宮浦港)에
서 도보 3~5분 발음 아카이토 코히 지도 키워드 Akaito Coffee naoshima

+PLUS AREA
쇼도시마 小豆島

온화한 기후와 지중해를 닮은 풍경으로 사랑받는 섬이다. 일본에서 가장 먼저 올리브 재배가 시작된 섬답게 곳곳에 푸른 올리브 나무가 자라며, 이국적인 분위기를 자아낸다.

다카마쓰에서 쇼도시마 가는 법

JR 다카마쓰역에서 도보 5분 거리에 있는 다카마쓰항에서 쇼도시마 도노쇼항(土庄港)행 여객선을 탈 수 있으며, 일반 페리는 약 60분, 고속선은 약 35분 정도 소요된다. 운항 편수도 비교적 많아 당일치기 일정으로도 부담이 없다.

올리브공원 小豆島オリーブ公園

쇼도시마의 명물인 올리브를 테마로 조성된 이 공원에 가면 바다가 보이는 언덕에 올리브나무와 허브, 하얀 풍차가 어우러져 그림 같은 풍경을 선사한다. 지브리 영화 '마녀 배달부 키키'를 떠올리게 하는 풍경 덕분에 빗자루와 마녀 복장을 하고 사진을 찍는 사람들로 늘 북적거린다. 입구 기념관에서는 빗자루를 빌릴 수 있다. 1층에는 공원의 역사와 변천사를 알려주는 자료실과 카페가 있고, 2층에는 레스토랑이 자리한다. 각종 올리브 상품은 선물용으로 인기가 높고, 올리브 아이스크림은 이곳에서 꼭 맛봐야 하는 명물 중 하나다.

주소 香川県小豆郡小豆島町西村甲1941-1 전화 087-982-2200 홈페이지 www.olive-pk.jp 운영 08:30 ~ 17:00 요금 무료 가는 방법 도노쇼항(土庄港) 페리 도착 후 관광버스로 올리브공원 입구(オリーブ公園口) 정류장에서 하차 후 도보 5분 발음 오리브코오엔 지도 키워드 미치노에키 쇼도시마 올리브 공원

엔젤로드 エンジェルロード

진도 신비의 바닷길처럼 하루에 두 번 썰물 때만 모습을 드러내는 모랫길이다. 쇼도시마 본섬과 요시마를 잇는 이 길은 소중한 사람과 함께 건너면 소원이 이루어진다는 이야기가 있어, 주로 연인들이 찾는다. 물때를 맞춰 방문해야 하므로, 도노쇼 항구 터미널에 게시된 시간표를 미리 확인하는 것이 좋다.

잔잔한 내해와 푸른 수평선, 부드러운 모래의 결이 어우러져 만들어내는 풍경은 계절과 날씨에 따라 다채로운 분위기를 자아낸다. 이곳에 왔다면 바로 옆에 있는 '약속의 언덕 전망대'에 올라가보자. 전망대에서는 약속의 종과 함께 엔젤로드, 맑은 바다를 한눈에 감상할 수 있다.

주소 香川県小豆郡小豆島町片城甲2320 **전화** 087-982-2171 **홈페이지** shodoshima.or.jp **운영** 상시개방 **요금** 무료 **가는 방법** 쇼도시마 지역 버스로 엔젤로드 정류장(エンジェルロード) 하차 **발음** 엔제루 로오도 **지도 키워드** 엔젤로드 kagawa

간카케이 寒霞渓

일본 3대 계곡 중 하나로, 쇼도시마를 대표하는 빼어난 경승지다. 불규칙하게 갈라진 바위와 침식된 절벽이 굽이치는 협곡 지형 위로 사계절의 다채로운 색감이 덧입혀진다. 특히 단풍이 절정인 시기에는 일본 3대 계곡의 아름다운 경치 중 하나로 손꼽힐 만큼 명성이 자자하다. 오랜 세월에 걸친 화산 활동과 풍화, 해풍의 영향이 만들어낸 암석 군상은 그야말로 절경이다. 주차장에서 로프웨이를 이용하면 정상까지 쉽고 빠르게 오를 수 있으며, 이동하는 동안 창밖으로는 기암괴석과 울창한 숲이 파노라마처럼 장관을 이루고 발아래로는 세토내해가 시원하게 펼쳐진다. 전망대 주변에는 휴식 공간과 간단한 기념품 숍, 지역 특산물을 맛볼 수 있는 스낵 코너도 있다. 가을에 쇼도시마를 방문할 계획이라면 꼭 한번 들러보기를 권한다.

주소 香川県小豆郡小豆島町神懸通乙168 **전화** 087-982-2171 **홈페이지** www.kankakei.co.jp **운영** 로프웨이 08:30~17:00 **요금** [왕복] 성인(중학생 이상) ¥1,970, 어린이(초등학생) ¥990, [편도] 성인(중학생 이상) ¥1,100, 어린이(초등학생) ¥550 **가는 방법** 도노쇼항(土庄港)에서 쿠사카베항(草壁港)까지 버스로 이동 후 무료 셔틀버스를 타고 하차 **발음** 간카케이 **지도 키워드** 칸카케이 케이블카

24개의 눈동자 영화 마을 岬の分教場·二十四の瞳館

소설가 쓰보이 사카에의 동명 소설과 이를 원작으로 한 영화의 감동적인 세계를 현실 공간에 되살려
낸 테마형 문화 시설이다. 〈24개의 눈동자〉는 쇼도시마가 고향인 작가 쓰보이 사카에의 대표작으로,
두 차례에 걸쳐 영화화되었으며 일본 영화 역사상 손꼽히는 흥행작 중 하나다. 소설의 무대였던 쇼도
시마의 해안과 맞닿아 있어, 장소 자체가 문학적 정서를 실제 풍경 속에서 체감하도록 구성되어 있
다. 영화 마을에는 학교 세트뿐 아니라 당시 생활상을 보여주는 전시관, 촬영 관련 자료, 배우와 제작
진의 기록 등을 함께 배치해 작품의 시대적 배경을 이해하는 데 도움을 준다.

주소 香川県小豆郡小豆島町田浦甲931 **전화** 087-982-2455 **홈페이지** www.24hitomi.or.jp **운영** 09:00~17:00 **요
금** [3/15~7/20] 성인(만 12세 이상) ¥900, 어린이(초등학생) ¥450, [7/21~11/30] 성인(만 12세 이상) ¥1,000, 어린이
(초등학생) ¥550, [12/1~3/14] 성인(만 12세 이상) ¥850, 어린이(초등학생) ¥430 **가는 방법** 쇼도시마 올리브공원에서
영화 마을로 가는 나룻배 탑승. ※골든위크·여름휴가철·9월에는 매일 운항, 그 외에는 수·목요일 휴항(나룻배 문의
090-7781-5112) 또는 택시로 이동 **발음** 미사키노 분쿄조·니주시노 히토미칸 **지도 키워드** 24개의 눈동자 영화마을

마루킨 간장 기념관
マルキン醤油記念館

쇼도시마의 또 다른 명물인 간장 창고를
개조한 기념관에서는 1907년 창업한 마루
킨 간장의 모든 것을 만날 수 있다. 문화재
로 지정된 기념관 내부에 간장 제조 도구
를 비롯해 쇼도시마 간장에 관한 모든 것
이 전시돼 있어 실감 나는 자료로 접할 수
있다. 특히 실제 양조 과정에 사용했던 도
구와 기록, 옛 광고물, 당시 생활상이 담긴
사진은 물론 나무 통 내부와 내부 구조까
지 재현해 놓아 누구나 쉽고 흥미롭게 이
해할 수 있다. 떠나기 전에 물산관에 들러
간장과 간장 아이스크림을 맛보는 즐거움
을 놓치지 말자.

주소 香川県小豆郡小豆島町苗羽甲1850 **전화** 087-982-0047 **홈페이지** marukin.moritakk.com/kinenkan **운영**
09:00~16:00, 성수기·가을 단풍철 09:00~16:30(7/20~8/31, 10/16~11/30) **요금** 성인(중학생 이상) ¥500, 어린이
(초등학생) ¥250 **가는 방법** 도노쇼항(土庄港)에서 버스를 타고 마루킨마에(丸金前) 정류장 하차 **발음** 마루킨 쇼유 기
넨칸 **지도 키워드** 마루킨 간장 박물관

+PLUS AREA
데시마 豊島

나오시마에 이어 새롭게 주목받고 있는 예술섬으로 크지 않은 섬이지만 논밭과 마을, 바다가 어우러진 풍경 속에 사색적인 작품들이 자리해 차분한 분위기를 자아낸다.

다카마쓰에서 데시마 가는 법

JR 다카마쓰역에서 도보로 5분 정도면 닿는 다카마쓰항에서 데시마 이에우라항(家浦港)행 또는 카라토항(唐櫃港)행 여객선을 탈 수 있다. 이에우라항까지는 약 35~40분, 카라토항까지는 45분 정도 소요되며, 하루 여러 차례 운항한다.

심장음 아카이브 心臓音のアーカイブ

데시마 카라토항에서 가까운 해변에 자리한 이 작은 미술관은 전 세계 5만5,000명이 넘는 사람들의 심장 박동 소리를 수집해 놓은 특별한 공간이다. 단순히 전시물을 보는 곳이 아니라 자신의 신체 리듬을 직접 기록하고 다른 이의 시간을 귀 기울여 듣는 아카이브 형태의 작품이라는 점이 가장 두드러진다. 내부는 크게 '채록 공간'과 '청취 공간', 이를 둘러싼 바다 풍경이라는 세 요소로 구성된다. 방문객은 조용한 녹음실에서 자신의 심장 소리를 채집할 수 있고, 등록된 데이터는 거대한 데이터베이스에 기록된다. 굳이 미술관 내부로 들어가지 않더라도, 앞에 펼쳐진 고요한 해변에서 휴식을 취하는 것만으로도 충분한 가치를 느낄 수 있다.

주소 香川県小豆郡土庄町豊島唐櫃2801-1 **전화** 087-968-3555 **홈페이지** benesse-artsite.jp/en/art/boltanski. html **운영** 3~9월 10:00~17:00(입장 마감 16:30), 10~2월 10:00~16:00(입장 마감 15:30), 3~11월 화요일 휴무, 12~2월 화·수·목요일 휴무 **요금** 현장 구매 시 ¥700, 온라인 구매 시 ¥600, 15세 이하 무료 **가는 방법** 이에우라항(家浦港)에서 버스 탑승 또는 카라토항(唐櫃港) 하차 후 도보 15분 **발음** 신조온 노 아카이브 **지도 키워드** 심장소리 아카이브 kagawa

데시마 미술관 豊島美術館

미술관 하나가 이 섬의 운명을 바꾸었다 해도 과언이 아닐 만큼, 데시마를 상징하는 랜드마크다. 바다가 내려다보이는 언덕에 물방울처럼 나지막이 자리 잡은 미술관 아래로는 계단식 논이 펼쳐져 자연과 예술, 건축이 하나로 어우러진 풍경을 연출한다. 안도 다다오가 건축하고, 아티스트 나이토 레이(内藤礼)가 작품을 맡아 완성했다. 콘크리트로 이루어진 거대한 곡면 구조물은 언덕의 지형을 최대한 훼손하지 않고 놓인 듯 보이나, 실제로는 미세한 각도와 곡률까지 정밀하게 계산된 설계의 결과물이다. 내부에서는 벽, 기둥, 장식 등을 거의 찾아볼 수 없다. 대신 지붕에 뚫린 커다란 개구부 두 곳으로 빛과 공기가 스며들고, 바람의 세기와 날씨에 따라 실내 분위기는 다채롭게 변화한다. 산책하며 미술관을 둘러보는 구조로, 본관은 사진 촬영이 엄격히 금지되지만, 유사한 구조로 설계된 카페에서 아쉬움을 달랠 수 있다. 온라인 예약제로 운영된다.

주소 香川県小豆郡土庄町唐櫃607 **전화** 087-968-3555, **홈페이지** benesse-artsite.jp **운영** 3/1~9/30 10:00~17:00(마지막 입장 16:30), 10/1~2월 말 10:00~16:00(마지막 입장 15:30), 3~11월 화요일 휴관, 12~2월 화~목요일 휴관 **요금** 온라인 구매 시 ¥1,800, 현장 구매 시 ¥2,000(대부분 매진되므로 사전 예약 권장) **가는 방법** 이에우라항(家浦港)에서 버스 탑승 후 데시마미술관(豊島美術館)에서 하차 **발음** 데시마 비주츠칸 **지도 키워드** 데시마 미술관

데시마 요코칸 豊島横尾館

데시마섬의 한적한 주거지 중심에 자리한 현대미술 공간이다. 일본 현대미술의 거장으로 불리는 요코 다다노리의 예술 세계를 고스란히 담아낸 곳이다. 낡은 일본식 가옥에서 시작된 이곳은 전통 목조 건축의 원형을 최대한 유지하면서도 요코 다다노리 특유의 강렬한 색채, 독특한 패턴, 사이키델릭한 감성을 불어넣는 방식으로 리노베이션했다. 각 방은 저마다 뚜렷한 색상과 상징을 지녀 방문객들은 방을 옮겨갈 때마다 심리적으로 이질적인 풍경을 경험하게 된다. 붉은색으로 가득한 공간, 거울에 비친 모습이 무한히 펼쳐지는 공간, 빛이 희미하게 스며드는 어두운 공간 등 감각의 끊임없는 변화를 유도하도록 설계된 점이 특징이다.

주소 香川県小豆郡土庄町豊島家浦2359 **전화** 087-968-3555 **홈페이지** benesse-artsite.jp **운영** 3/1~9/30 10:00~17:00(마지막 입장 16:30), 10/1~2월 말 10:00~16:00(마지막 입장 15:30), 3~11월 화요일 휴관, 12~2월 화~목요일 휴관 **요금** 현장 구매 시 ¥700, 온라인 구매 시 ¥600, 15세 이하 무료 **가는 방법** 이에우라항(家浦港)에서 도보 5분 **발음** 데시마 요코칸 **지도 키워드** Teshima Yokoo House

RESTAURANT
다카마쓰의 식당

사누키멘교 효고마치 본점
さぬき麺業 兵庫町店

1926년 창업 이래 3대째 맥을 이어오고 있으며, 사누키우동의 정수를 맛볼 수 있는 대표적인 명소다. 관광객과 지역 주민 모두에게 꾸준한 신뢰를 얻고 있다. 메뉴는 사누키우동의 기본에 충실하면서도 처음 방문하는 사람도 쉽게 고를 수 있도록 구성한 것이 특징이다. 기본 가케우동, 붓카게우동, 자루우동과 같은 정통 메뉴는 물론, 계절 한정 메뉴나 지역 특색을 살린 퓨전 메뉴도 즐길 수 있다. 토핑으로는 덴푸라(튀김), 온천달걀, 유부, 고기 등 다채로운 재료가 마련되어 있어, 취향에 따라 조합하는 재미를 만끽할 수 있다. 효고마치 상점가 초입에 자리하여 접근성이 좋고, 비교적 넓은 공간을 자랑한다. 다카마쓰공항에도 분점이 운영 중이다.

지도 P.146-A1 ▶ **주소** 香川県高松市兵庫町8-6 **전화** 087-821-9710 **운영** 10:30~20:30 **가는 방법** JR 다카마쓰역(高松駅)에서 도보 10분. 효고마치 상점가 내 위치 **발음** 사누키멘교 효고마치 혼텐

커피 살롱 황제 **コーヒーサロン 皇帝**

다카마쓰 시내에서 독특한 존재감을 드러내는 레트로풍 깃사텐(일본식 다방)이다. 창업한 지 50년이 넘은 카페에는 오래된 가구들이 자아내는 클래식한 분위기가 가득 풍긴다. 효고마치 중심부에 자리해 접근성이 뛰어나며, 아래층에는 파친코 가게가 자리해 있다. 모닝 세트는 물론, 간단한 식사 메뉴 또한 준비되어 있다. 전반적으로 훌륭한 수준을 자랑하나 실내 흡연이 가능하다는 점은 비흡연자에게 다소 아쉬울 수 있다.

지도 P.146-A1 ▶ **주소** 香川県高松市兵庫町11-5 **전화** 087-822-1071 **운영** 08:00~18:00, 1월 초 휴무 **가는 방법** JR 다카마쓰역(高松駅)에서 도보 10분. 효고마치 상점가 내 위치 **발음** 코히 사론 코테이

호네츠키도리 요리도리미도리
骨付鳥 寄鳥味鳥

다카마쓰 명물 요리인 호네츠키도리를 맛볼 수 있는 식당이다. 특히 도쿠시마현을 대표하는 고급 토종닭 브랜드인 아와오도리(阿波尾鶏)를 즐길 수 있는 곳이다. 일본에서 닭 요리는 대개 뼈를 발라 조리하지만, 호네츠키도리는 뼈에 붙은 살을 뜯어 먹는 재미가 쏠쏠하다. 효고마치 중심부에 자리해 접근성이 뛰어난 이곳은 퇴근 후 가볍게 한잔하며 식사를 즐기려는 직장인들이 즐겨 찾는다. 두 가지 메뉴가 있는데, 와카도리(영계)는 육즙이 풍부하고 부드러우며, 오야도리(노계)는 쫄깃하면서도 담백한 매력을 자랑한다. 대개 오야도리가 더 잘 팔리는 편이다. 테이블마다 가위가 놓여 있어 취향에 맞게 잘라 먹을 수 있으며, 곁들임 메뉴로 감자샐러드와 닭고기 볶음밥을 추가하면 더욱 풍성한 식사를 즐길 수 있다.

지도 P.146-A1 **주소** 香川県高松市兵庫町1-24 2F **전화** 087-822-8247 **운영** 17:00~22:00(마지막 주문 21:30), 매주 수요일·첫째 주 일요일·1월 초 휴무 **가는 방법** JR 다카마쓰역(高松駅)에서 도보 10분. 효고마치 상점가 2층 위치 **발음** 호네츠키도리 요리도리미도리

메리켄야 다카마쓰역앞점
めりけんや 高松駅前店

철도 회사 JR시코쿠의 자회사에서 운영하는 우동 가게로, 다카마쓰역에서 도보 1분 거리에 있다. 늘 많은 사람으로 붐비는 이곳은 사누키우동의 정수를 보여준다. 현지에서 생산된 밀가루와 소금을 사용하여 3일간 정성껏 숙성시킨 쫄깃한 면발을 자랑하며, 입구에서 우동 종류와 고명을 선택하고 계산 후 자리에 앉아 식사하는 방식이다. 인기 메뉴는 단연 가케우동으로, 맑으면서도 싱겁지 않고 깊으면서도 과하지 않은 국물 맛이 일품이다. 멸치, 다시마, 가쓰오부시가 조화롭게 어우러진 특유의 감칠맛이 입안 가득 퍼지며, 면발은 쫄깃하면서도 부드럽게 끊어진다. 좀 더 풍성한 맛을 원한다면 달콤 짭짤하게 조려낸 소고기를 듬뿍 올린 니쿠붓카케우동을 추천한다. 국물 대신 진한 소스와 함께 비벼 먹는 스타일로, 면의 탄력이 더욱 또렷하게 느껴진다. 여기에 새우튀김이나 반숙 달걀튀김을 곁들이면 훨씬 맛있게 먹을 수 있다. 도쿄와 오사카에도 지점이 있다.

지도 P.145-A2 **주소** 香川県高松市西の丸町6-20 **전화** 087-811-6358 **홈페이지** merikenya.com **운영** 07:00~20:00 **가는 방법** JR 다카마쓰역(高松駅)에서 도보 1분 **발음** 메리켄야 다카마쓰 에키마에텐

혼카쿠테우치모리야 다카마쓰 심벌타워점
本格手打もり家 高松シンボルタワー店

정통 수타 우동 전문점으로, TV 프로그램에도 자주 소개된 유명 맛집이다. 일본 음식 평가 사이트인 타베로그에서도 높은 평점을 기록해 늘 사람들로 붐빈다. 시그니처 메뉴는 가케우동과 붓카케우동으로, 사누키우동 특유의 탄성을 기본으로 하되 이 집의 면은 조금 더 단단하고 결이 살아 있어 씹는 맛이 더욱 또렷하다. 맑은 국물은 단순한 멸치나 가쓰오 향에 머무는 것이 아니라, 깊은 풍미를 자랑한다. 먹고 나면 진한 감칠맛이 입안에 남으면서도 뒷맛은 깔끔하다. 여기에 바삭함을 자랑하는 튀김 토핑은 필수. 심벌타워 내에 있어 접근성도 좋다.

`지도 P.145-A1` **주소** 香川県高松市サンポート2-1 マリタイムプラザ高松 3F **전화** 087-802-5177 **홈페이지** moriya-symbol.jp **운영** 11:00~15:00(마지막 주문 14:30), 17:00~21:00(마지막 주문 20:30)이며, 매주 화요일 휴무·매달 첫째·셋째 월요일 휴무 **가는 방법** JR 다카마쓰역(高松駅) 맞은편 심벌타워 3층에 위치 **발음** 혼카쿠테우치모리야 타카마쓰 신보루 타와텐

카리가리 다카마쓰점 カリガリ 高松店

도쿄 아키하바라에 있는 인기 카레 맛집인 카리가리의 다카마쓰 분점이다. 일반적인 '일본식 카레'에서 벗어나 독창적인 메뉴가 많은 것이 특징이다. 문을 열고 들어서는 순간, 묵직한 향신료 향이 먼저 반갑게 맞이하고, 그 뒤를 이어 살짝 이국적인 분위기가 느껴진다. 화려하거나 과장된 분위기는 아니지만, '이곳은 카레로 승부한다'는 굳은 의지가 공간 전체에 깃들어 있다. 이 집 카레는 첫술부터 강렬하게 다가오지 않는다. 부드럽게 시작하여 천천히, 그러나 분명하게 깊은 풍미를 드러낸다. 향신료의 날카로운 맛을 다듬고, 감칠맛과 고소한 풍미를 겹겹이 쌓아 올린 스타일이다. 다양한 카레가 준비되어 있으며, 저마다 개성이 뚜렷하니 취향에 따라 즐겨보자.

`지도 P.145-A1` **주소** 香川県高松市サンポート2-1 マリタイムプラザ高松 ホール棟 3F **전화** 087-873-2400 **운영** 11:00~21:00(마지막 주문 20:00) **가는 방법** JR 다카마쓰역(高松駅) 맞은편 심벌타워 3층에 위치 **발음** 카리가리 다카마쓰텐

호네츠키도리 아즈마
骨付鳥 東

다카마쓰에서 '사누키우동 다음으로 꼭 먹어야 할 것'을 묻는다면, 많은 이가 호네츠키도리를 꼽는다. 호네츠키도리 맛집 중 하나인 아즈마는 주문이 들어감과 동시에 두툼한 닭다리가 뜨겁게 달궈진 철판 위에서 기름을 뿜어내며 지글거리는 소리를 낸다. 겉은 짭짤한 양념이 배어들어 노릇하게 익고, 속살은 촉촉한 육즙을 가득 머금은 채 부드럽게 살아 숨 쉰다. 한 입 크게 베어 물면, 고깃결 사이로 풍부한 기름과 향이 터져 나오듯 입안 가득 퍼지고, 그 뒤를 따라오는 후추와 마늘의 향이 미각을 단숨에 사로잡는다. 이 집의 호네츠키도리는 단순한 '과하게 맛있는' 음식을 넘어, 간결한 조리법으로 얼마나 깊은 풍미를 낼 수 있는지를 여실히 보여준다. 관광객이 일부러 찾아와도, 동네 주민들이 퇴근길에 편안히 들러도 전혀 어색함이 느껴지지 않는 소박한 분위기도 매력적이다.

지도 P.146-B3 ▶ **주소** 香川県高松市瓦町1-5-2 **전화** 087-813-2828 **운영** 16:00~23:00(마지막 주문 22:00) **가는 방법** 고토덴 가와라마치역(瓦町駅)에서 도보 7분 **발음** 호네츠키도리 아즈마

가마쿠라 파스타
마루가메 상점가점
鎌倉パスタ 高松丸亀町商店街店

사누키우동에 질렸다면 가볼 만한 일본식 파스타 체인점. 다채로운 일본식 파스타 메뉴는 물론, 훌륭한 디저트와 어린이 세트 메뉴까지 갖추어 현지인들의 모임이나 데이트 장소로 사랑받고 있다. 가마쿠라 파스타의 비결은 바로 생면에 있다. 건면 파스타 특유의 단단한 탄력 대신, 부드럽고 촉촉하게 씹히는 독특한 식감을 자랑한다. 크림파스타는 지나치게 느끼하지 않도록, 토마토소스는 신맛보다는 은은한 단맛을 강조하여 일본인의 입맛에 맞춘 섬세하고 부드러운 풍미가 특징이다. 여기에 따뜻한 화덕 빵은 이 집을 더욱 유명하게 만들어준 일등 공신이다. 화덕에서 따뜻하게 구운 빵을 파스타 소스에 찍어 먹으면 한 그릇의 풍미가 완성된다. 든든하게 먹고 싶을 때는 스테이크나 햄버그가 곁들여진 세트 메뉴도 만족도가 높다.

지도 P.146-A2 ▶ **주소** 香川県高松市丸亀町12-6 **전화** 087-822-5309 **홈페이지** www.saint-marc-hd.com/kamakura **운영** 11:00~22:00(마지막 주문 21:00) **가는 방법** 버스로 마루가메마치(丸亀町) 정류장 하차 또는 고토덴 가와라마치역(瓦町駅)에서 도보 이동 **발음** 카마쿠라 파스타 다카마쓰 마루가메마치 쇼텐가이텐

테우치우동 쓰루마루 手打ちうどん 鶴丸

대개 오전이나 점심에만 영업하는 여느 우동집들과 달리, 이곳은 밤늦은 시간에야 문을 연다. 미리 술 한 잔하고 해장을 하러 오는 손님이 많은 편이다. 이 집을 상징하는 메뉴는 단연 카레우동이다. 진한 향이 코를 먼저 자극하며, 한 숟갈 떠 넣는 순간 매콤함보다는 부드러운 윤기가 입안을 먼저 감싼다. 억지로 매운 맛을 내세우지 않고, 국물 우동의 감칠맛 위에 카레의 깊은 풍미를 추가한 듯하다. 농도 또한 절묘하여, 국물처럼 마시기에는 아깝고 소스처럼 너무 걸쭉하여 부담스럽지도 않다. 오뎅도 별도로 판매하니 곁들여 먹어보기를 추천한다.

지도 P.146-B3 ▶ 주소 香川県高松市古馬場町9-34 전화 087-821-3780 홈페이지 teuchiudon-tsurumaru.com 운영 20:00~02:00, 일요일·공휴일 휴무 가는 방법 고토덴 가와라마치역(瓦町駅)에서 도보 이동 발음 테우치우동 츠루마루

우동 바카이치다이 うどんバカ一代

다카마쓰에서 우동이라는 음식이 얼마나 재미있어질 수 있는지 가장 극명하게 보여주는 곳이다. 이 가게를 전설로 만든 일등 공신은 단연 가마버터 우동(釜バター)이다. 갓 삶아낸 뜨거운 면에 생계란과 버터, 후추를 얹어 비비는 순간, 일본식 카르보나라와 흡사한 향이 풍겨온다. 첫 입에는 고소함이, 두 번째에는 묵직함이 느껴지며, 세 번째에는 사누키면 특유의 탄력이 다시금 균형을 잡아준다. 여러 매체에 소개된 덕분에 항상 사람들로 붐비지만, 회전율이 상당히 빨라 금세 자리가 나는 편이다.

지도 P.144-B1 ▶ 주소 香川県高松市多賀町1-6-7 전화 087-862-4705 홈페이지 www.udonbakaichidai.co.jp 운영 06:00~18:00, 신년 휴무 가는 방법 고토덴 하나조노역(花園駅)에서 도보 5분 발음 우동 바카이치다이

멘도코로 와타야 다카마쓰점 麺処 綿谷 高松店

다카마쓰에 있는 수많은 우동 맛집 중에서도 '양이 푸짐하기로' 소문난 곳이다. 기본 우동도 양이 상당히 많은 편이지만, 고기 우동이나 덴푸라 우동을 주문하면 그릇이 넘칠 듯 푸짐한 양을 내어준다. 아침 일찍 문을 열고, 점심시간에는 작업복을 입은 지역 주민, 학생, 여행객들이 한데 섞여 긴 줄을 이룬다.

와타야의 간판 메뉴는 단연 니쿠붓카게우동(고기 붓카게우동)이다. 굵직하면서도 탄력 있는 우동 면발 위에 달콤하면서도 짭짤한 양념으로 조린 고기가 듬뿍 올라가 있다. 처음 젓가락을 드는 순간 '이걸 다 먹을 수 있을까?' 하는 생각이 들지만, 한 입 맛보면 기우에 불과했음을 깨닫게 된다. 고기의 양념은 지나치지 않으면서도, 감칠맛이 오래도록 남아 끝까지 질리지 않는다. 와타야의 면은 사누키우동 특유의 탄력을 유지하면서도 지나치게 딱딱하지 않아, 편안하게 넘어간다.

지도 P.146-A4 **주소** 香川県高松市南新町8-11 **전화** 087-813-1993 **홈페이지** www.maruwa-wataya.com **운영** 08:30~14:00, 일요일·공휴일 휴무 **가는 방법** 고토덴 가와라마치역(瓦町駅)에서 도보 5분 **발음** 멘도코로 와타야 타카마스텐

우동보 다카마쓰 본점 うどん棒 高松本店

다카마쓰에서 교통이 가장 편리한 가와라마치역 인근에 자리해 방문하기 좋은 우동 맛집이다. 우동보의 면은 '깔끔하다'는 표현보다 '정돈되어 있다'는 표현이 더욱 적절하다. 표면은 매끈하고, 씹을수록 탄력과 밀도의 균형이 느껴진다. 국물 또한 화려한 향으로 압도하는 대신, 가쓰오와 다시마의 감칠맛이

뚜렷하면서도 뒷맛이 깔끔하여, 첫 입부터 마지막 입까지 맛의 조화가 흐트러지지 않는다. 메뉴가 다양하고 좌석도 비교적 넉넉하여 대기 시간이 길지 않다. 갓 튀겨낸 튀김을 맛볼 수 있으며, 1인 좌석도 마련되어 있다.

지도 P.146-A4 **주소** 香川県高松市亀井町8-19 **전화** 087-831-3204 **운영** 평일 11:00~14:30, 금~일요일·공휴일 11:00~14:30, 17:00~19:30, 화·수요일 휴무 **가는 방법** 고토덴 가와라마치역(瓦町駅)에서 도보 5분 **발음** 우돈보 타카마츠 혼텐

다케우치 쇼쿠도 武内食堂

낡았지만 정겨운 현지인 맛집인 이곳은 닭
고기로 유명한 가가와현답게 푸짐한 오야
코동이 주력 메뉴다. 입구에서부터 들려오
는 철판 볶는 소리가 시각과 후각을 자극
하고, 나무 테이블과 벽에 걸린 메뉴판, 분
주하지만 정돈된 주방의 모습은 맛집의 요
소를 두루 갖추고 있다. 나이 지긋한 할머
니가 주문을 받는데, 아무리 사람이 많아

도 체계적으로 주문이 이루어진다. 혼자서는 다 먹지 못할 정도로 풍부
한 양을 자랑하는 덮밥과 황금빛이 인상적인 오므라이스가 대표적
인 인기 메뉴다. 가게 한편에는 무한 리필로 즐길 수 있는 카레도 준
비되어 있어 기호에 따라 선택하면 된다.

지도 P.145-A2 ▶ 주소 香川県高松市錦町1-11-13 전화
090-7627-6863 운영 11:30~15:00, 17:00~21:00,
일요일 휴무 가는 방법 JR 다카마쓰역(高松駅)에서
도보 5분 발음 타케우치 쇼쿠도

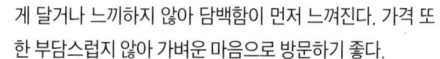

텐카쓰 본점 天勝 本店

1866년 창업한 이곳은 가게 중앙의 활어조에서 갓 잡아 올린 세토내해의 신선한 생선을 맛볼 수 있
는 맛집이다. 사시미는 지나치게 얇거나 정교하지 않다. 적당한 두께와 온도로 손님상에 오르며, 한
점을 음미하는 동안 바다 내음 대신 은은한 감칠맛이 먼저 느껴진다. 생선구이는 겉을 지나치게 태우
지 않고, 기름이 올라오는 순간을 정확히 포착하여 속살의 결을 그대로 살려낸다. 생선조림은 지나치
게 달거나 느끼하지 않아 담백함이 먼저 느껴진다. 가격 또
한 부담스럽지 않아 가벼운 마음으로 방문하기 좋다.

지도 P.145-A2 ▶ 주소 香川県高松市兵庫町7-8 전화 087-821-
5380 홈페이지 tenkatsuhonten.jp 운영 월~금요일 11:00~14:00,
17:00~22:00(마지막 주문 21:30), 토·일요일·공휴일 11:00~15:00,
17:00~21:00 가는 방법 JR 다카마쓰역(高松駅)에서 도보 7분 발음
텐카츠 혼텐

란마루 본점 蘭丸 本店

다카마쓰에서 호네츠키도리를 논할 때 결코 빼놓을 수 없는 이름이 바로 란마루다. 단순한 '맛집'을 넘어 가가와현 사람들이 이 닭다리 하나에 얼마나 진심인지 여실히 보여주는 상징과도 같은 곳이다. 가게에 들어서자마자 기름 냄새와 불향이 코를 자극하고, 철판 위에서 닭이 익어갈 때 나는 소리는 마치 폭죽과도 같다. 화려하진 않지만 존재감은 압도적이다. 깊고 묵직한 맛을 자랑하는 '오야(親)'와 부드러우면서도 육즙이 풍부한 '히나(ひな)' 중 어느 쪽을 선택하든, 핵심은 '불과 기름의 완벽

한 균형'에 있다. 겉은 바삭하게 마무리하면서 속은 놀랍도록 촉촉하게 유지하고, 마늘, 후추, 소금이 만들어내는 강렬한 자극은 고기의 풍미를 한층 끌어올린다. 간이 좀 짭짤한 편이라 맥주와 함께 즐기면 더욱 좋다.

지도 P.146-B2 ▶ 주소 香川県高松市大工町7-4 전화 087-821-8405 홈페이지 honetsuki-ranmaru.com 운영 17:00~22:00 가는 방법 고토덴 가와라마치역(瓦町駅)에서 도보 5분 발음 란마루 혼텐

우미에 Umie

바닷가 창고를 개조한 인테리어로 감성을 자아내는 카페다. 관광 동선에서 살짝 벗어난 기타하마 앨리 한편에 자리 잡았으며, 문을 열고 들어서는 순간 오래된 목재의 질감과 부드러운 조명, 은은한 음악이 어우러진 분위기가 몸을 감싼다. 바다를 바로 마주하는 큰 창이 있는 자리는 먼저 차지하려는 사람들로 늘 북적인다. 런치와 디저트 등 메뉴도 다채로워 저녁노을을 감상하며 시간을 보내기에도 안성맞춤이다. 붐비는 시간에는 입구에 명단을 작성하고 기타하마 앨리를 둘러본 후 지정된 시간에 맞춰 와서 앉으면 된다.

지도 P.145-B1 ▶ 주소 香川県高松市北浜町3-2 전화 087-811-7455 홈페이지 umie.info 운영 11:00〜19:00, 토요일 11:00〜21:00, 수요일 휴무 가는 방법 JR 다카마쓰역(高松駅)에서 도보 15분, 고토덴 가타하라마치역(片原町駅)에서 도보 5분 발음 우미에

성의 눈 城の眼

화려하게 꾸민 관광형 카페와 달리, 시간을 들여 천천히 쌓아 올린 공간이라는 인상을 주는 레트로 카페다. 문을 열고 들어서는 순간, 잔잔한 음악과 묵직한 분위기가 몸을 감싼다. 빠르게 변화하는 최신 트렌드 대신, 오래된 도시가 간직한 기억과 문화가 은은하게 흐르는 공간이다. 그래서 이곳에서는 커피를 '마신다'기보다 시간을 '머문다'는 표현이 더 잘 어울린다. 1962년에 문을 연 이 찻집은 야마모토 다다시가 설계한 독특한 외관으로 명성이 높다. 따뜻한 커피와 더불어 레트로 감성을 만끽할 수 있지만, 내부 촬영은 엄격히 금지된다.

지도 P.146-A2 ▶ 주소 香川県高松市紺屋町2-4 전화 087-851-8447 운영 09:00~18:00, 일요일 휴무 가는 방법 다카마쓰 시내버스 곤야마치(紺屋町) 정류장 하차 후 도보 이동 발음 시로노메

자이고 우동 혼케 와라야

ざいごうどん 本家わら家

시코쿠무라 입구에 자리 잡은 우동 가게다. 야시마 산자락에 자리한 초가지붕의 오래된 민가를 개조한 가게에 들어서는 순간, 우동집이라기보다는 작은 향토 박물관에 온 듯한 인상을 받는다. 타베로그에서 2020년과 2024년 100대 우동 맛집으로 선정되었으며, 민속촌에서 식사하는 듯한 분위기를 자아낸다. 이 집의 인기 메뉴는 가마아게우동(釜揚げうどん)인데, 젓가락으로 면을 집어 올려 간장소스에 살짝 담갔다 먹는 단순한 동작 속에 이 집의 철학이 고스란히 담겨 있다. 시코쿠무라 방문 전후에 들르기에 좋다.

지도 P.144-C1 ▶ 주소 香川県高松市屋島中町91 전화 087-843-3115 홈페이지 www.wara-ya.co.jp 운영 09:30~18:00(마지막 주문 17:30) 가는 방법 고토덴 야시마역(屋島駅) 도보 4분 또는 JR 야시마역(屋島駅) 도보 10분. 시코쿠무라 입구에 위치 발음 자이고 우동 혼케 와라야

사누키우동 엔야 讃岐うどん えん家

고토덴 가타하라마치역 바로 앞에 있는 사누키우동 전문점으로 현지인들이 즐겨 찾는 우동 맛집이다. 밤늦게까지 영업하므로 언제든 부담 없이 방문할 수 있다. 매장은 좁고 긴 스낵카 형태이며, 아담한 크기로 좌석은 10개 정도다. 가게 뒤쪽에 면을 뽑는 공간이 마련돼 있어 면을 직접 뽑아 요리한다. 비벼 먹는 가마타마 우동과 명란 우동이 주력 메뉴이며, 일본 특유의 정갈한 분위기를 느낄 수 있다. 풍미가 훌륭하고 산뜻한 맛을 선사한다. 다만, 주문이 들어오면 면을 만들기 때문에 음식이 나오기까지 다소 시간이 걸릴 수 있다.

지도 P.146-B1 ▶ 주소 香川県高松市片原町3-1 전화 087-813-2324 운영 10:00~23:00, 화요일 휴무 가는 방법 고토덴 가타하라마치역(片原町駅)에서 도보 2분 발음 사누키우동엔야

SHOPPING
다카마쓰의 쇼핑

미야와키 서점 본점
宮脇書店 本店

시코쿠 전체에서 '책의 도시' 이미지를 굳건히 다져온 상징적인 공간이다. 체인으로 성장하여 전국 각지에 간판을 내걸게 된 출발점 또한 바로 이 본점이다. 시내 중심부에 자리 잡아 현지인들에게 꾸준한 사랑을 받고 있다. 서가 사이를 걷다 보면 베스트셀러 코너보다 먼저 지역 출판물, 여행

서적, 문화·역사 관련 서적이 가지런히 꽂혀 있는 모습이 눈에 띈다. 다카마쓰, 가가와, 시코쿠를 이해하는 데 도움이 되는 책들이 손 닿기 쉬운 곳에 놓여 있으며, 아동 도서, 실용서, 문학 서적, 전문 서적이 균형 있게 배치되어 있다. 시간 여유가 있을 때 방문하여 그림책, 엽서, 문구류 등을 구매하기에 좋다.

지도 P.146-A2 **주소** 香川県高松市丸亀町4-8 **전화** 087-851-3733 **홈페이지** miyawakishoten.com **운영** 09:00~20:00 **가는 방법** 고토덴 가타하라마치역(片原町駅)에서 도보 5분. 마루가메마치 쇼핑 거리에서 도보로 접근 가능 **발음** 미야와키 쇼텐 혼텐

소케 구쓰와도 宗家くつわ堂

150년 전통을 자랑하는 가와라센베이로 명성이 자자한 가게다. 다카마쓰의 대표적인 기념품으로 널리 알려진 가와라센베이는 기왓장 모양을 본떠 만들었으며, 씹을수록 느껴지는 단단한 식감이 일품이다. 앙증맞은 크기부터 성인 손바닥보다 커다란 것까지, 취향에 따라 골라 먹는 재미가 쏠쏠하다. 은은하게 감도는 고소한 풍미는 묘한 중독성을 자아낸다. 이 외에도 다채로운 선물세트를 갖추고 있어 귀국하기 전에 부담 없이 들르기 좋다.

지도 P.146-A1 **주소** 香川県高松市兵庫町4-3 **전화** 087-851-9280 **홈페이지** www.kutsuwado.co.jp **운영** 09:00~18:00, 1/1 휴무 **가는 방법** JR 다카마쓰역(高松駅)에서 도보 10분 **발음** 소케 구츠와도

시코쿠 숍 88 四国ショップ 88

시코쿠 4개 현의 다채로운 매력을 한곳에 서 만끽할 수 있는 기념품 상점이다. 다카 마쓰 심벌타워 1층에 있어 기차역에서의 접근성이 용이하다. 가게 안으로 들어서면 가가와, 에히메, 도쿠시마, 고치 등 각 현의 특색을 살린 존이 펼쳐지며, 각 지역을 대 표하는 특산물과 정갈한 공예품들이 눈길 을 사로잡는다. 이곳의 마스코트인 포켓몬 야돈과 우동 관련 스티커를 비롯한 다양한 제품과 생활용품은 물론 기념품까지 풍성 하게 갖춰져 있다.

지도 P.145-A1 ▶ **주소** 香川県高松市サンポー ト2-1 高松シンボルタワー1階 **전화** 087-822- 0459 **홈페이지** shikokushop88.com **운영** 10:00~20:00 **가는 방법** JR 다카마쓰역(高松駅) 에서 도보 4분 거리의 마리타임 플라자 1층에 있 다. **발음** 시코쿠숍

다카마쓰 오르네 高松オルネ

다카마쓰역 인근에 새로 생긴 복합 상업 시 설로, 여행 중에 방문하기 좋은 위치와 깔 끔한 동선이 돋보인다. 실내 공간이 넓고 밝게 구성되어 있어 이동이 편하고, 층별 로 패션·잡화·라이프스타일 숍과 카페, 음 식점이 고르게 배치되어 있다. 지역 브랜드 와 전국 체인점이 적절히 섞여 있어 가벼운 쇼핑부터 식사까지 한 번에 해결하기 좋다. 휴식 공간이 비교적 넉넉하고, 시설 관리 상태가 좋아 쾌적하게 머물 수 있다. 역, 버 스터미널, 항구와의 연결성이 좋아 이동 중 에 잠시 들르기에도 용이하다. 날씨와 상관 없이 이용할 수 있는 실내형 공간이라는 점 도 편리하다. 여행 중 식사 장소 찾기, 간단 한 쇼핑, 잠깐의 휴식을 모두 처리하기 좋 아 실용적인 거점 역할을 하는 장소다.

지도 P.145-A1 ▶ **주소** 香川県高松市浜ノ町1-20 **전화** 087-811-2200 **홈페이지** takamatsu-orne.jp **운영** 10:00~ 20:00 **가는 방법** JR 다카마쓰역(高松駅)과 연결 **발음** 다카마쓰 오르네

마루가메마치 그린 丸亀町グリーン

다카마쓰 시내 상점가 중심에 자리 잡은 개방형 쇼핑 휴식 복합 공간이다. 중앙 광장을 중심으로 패션, 잡화, 라이프스타일 숍, 카페, 식당 등이 주변에 배치되어 있어 이동 동선이 단순하고 이용이 편리하다. 유니클로, 무지 등 친숙한 브랜드와 지역 상점이 함께 입점해 있어 가벼운 쇼핑부터 식사까지 폭넓은 선택이 가능하다.

지도 P.146-A2·A3 ▶ **주소** 香川県高松市丸亀町7-16 **전화** 087-811-6600 **홈페이지** mgreen.jp **운영** 매장별로 상이 **가는 방법** 고토덴 가와라마치역(瓦町駅)에서 도보 6분 **발음** 마루가메마치 그린

다카마쓰 로프트 高松ロフト

라이프스타일 전문 매장으로서, 문구, 생활잡화, 뷰티, 여행용품, 캐릭터 굿즈 등 다양한 상품을 한 자리에서 만나볼 수 있다. 층별로 카테고리가 명확하게 구분되어 원하는 상품을 쉽게 찾을 수 있으며, 실용적인 제품부터 디자인에 중점을 둔 상품까지 다채롭게 갖춰져 있다. 지역 한정 상품과 시즌별 특별 코너가 수시로 바뀌어 둘러보는 재미를 더한다. 선물용 아이템을 선택하기에도 좋고, 여행 중 필요한 간단한 생활용품을 구입하기에도 좋다.

지도 P.146-A2 ▶ **주소** 香川県高松市丸亀町7-16 丸亀町グリーン西館3階 **전화** 087-802-2850 **홈페이지** www.loft.co.jp **운영** 11:00~20:00 **가는 방법** 마루가메마치 서관 3층 **발음** 다카마츠 로후토

포켓몬 센터 가가와 ポケモンセンターカガワ

2025년 10월, 새롭게 문을 연 공식 포켓몬 스토어다. 게임·애니메이션 관련 굿즈는 물론, 봉제 인형, 피규어, 문구, 생활잡화에 이르기까지 종류가 매우 다양하다. 가가와 지역 한정 상품과 지역 컬래버레이션 굿즈가 마련되어 있어 많은 이의 관심을 끌고 있다. 입구에 있는 야돈 캐릭터는 매 시간 지구본이 한 바퀴 도는 쇼를 선보인다. 다카마쓰의 상징인 '우동'과 발음이 비슷하여 대표 캐릭터가 된 야돈 관련 상품이 많고, 곳곳에 마련된 포토존은 늘 사람들로 북적인다. 매장 내 무대에서는 캐릭터 쇼 등 다채로운 행사가 열리니 꼭 한번 방문해보자.

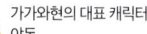

가가와현의 대표 캐릭터 야돈

지도 P.146-A3 ▶ **주소** 香川県高松市丸亀町8番地23 丸亀町グリーン東館1F **전화** 087-802-1951 **홈페이지** www.pokemon.co.jp/shop/en/pokecen/kagawa **운영** 10:00~20:00 **가는 방법** 마루가메마치 동관 1층 **발음** 포케몬 센타 카가와

유메타운 다카마쓰
ゆめタウン高松

식품관, 패션, 생활잡화, 전자제품, 키즈 코너 등 다양한 매장이 있는 대형 쇼핑몰이다. 다카마쓰공항과 시내 사이에 자리해 공항 리무진을 타면 편리하게 갈 수 있다. 대형 슈퍼마켓과 여러 음식점, 카페가 있어 한곳에서 쇼핑과 식사를 모두 해결하기에 안성맞춤이다. 가족 단위 방문객이 많으며, 키즈 관련 매장이 잘 갖춰져 있다. 본관, 동관, 별관으로 이루어진 거대한 규모를 자랑하며, 한국인에게 인기 있는 스시로, 스타벅스, 무인양품 등 여러 프랜차이즈를 한곳에서 만나볼 수 있다. 실내 시설이라 날씨에 구애받지 않고 이용할 수 있으며, 넓은 주차 공간을 갖춰 접근성도 뛰어나다. 여행 중 실용적인 쇼핑, 식료품 구매는 물론 휴식과 산책을 즐기기에도 좋은 쇼핑 명소다.

지도 P.144-B2 ▶ 주소 香川県高松市三条町608-1 **전화** 087-869-7500 **홈페이지** www.izumi.jp/tenpo/takamatsu **운영** 09:30~21:30 **가는 방법** 다카마쓰공항 리무진 버스를 타고 유메타운 다카마쓰 정류장(ゆめタウン高松前)에 하차 **발음** 유메타운 다카마쓰

이온몰 다카마쓰
イオンモール高松

다카마쓰 서쪽 해안가 부근에 자리한 대형 쇼핑몰로, 패션, 생활잡화, 가전, 식품관은 물론 키즈 매장까지 다채롭게 갖춘 복합 쇼핑 공간이다. 식당가와 푸드코트 규모가 상당하여 식사 선택의 폭이 넓고, 카페와 디저트 가게도 다채롭게 마련되어 있다. 실내는 넓고 쾌적하며, 가족 단위 방문객이 많아 키즈 존과 관련 매장도 잘 갖춰져 있다. 넓은 무료 주차장이 마련되어 있어 차량 접근성이 우수하며, 시내에서는 버스를 이용해 이동할 수도 있다.

지도 P.144-A1 ▶ 주소 香川県高松市香西本町1-1 **전화** 087-842-8100 **홈페이지** www.aeon.jp/sc/takamatsu **운영** 슈퍼마켓 09:00~22:00, 일반 매장 10:00~21:00 **가는 방법** JR 다카마쓰역(高松駅)에서 버스를 타고 20분. 이온몰 다카마쓰(イオンモール高松) 하차 **발음** 이온모오루 다카마쓰

돈키호테 마루가메마치점 ドン・キホーテ 高松丸亀町店

다카마쓰 중심 상점가에 자리한 대형 할인 스토어다. 여행 중 필요한 물품과 기념품을 한 번에 구입하기 좋다. 식품, 과자, 화장품, 생활용품, 전자기기, 장난감, 캐릭터 굿즈까지 품목 구성이 매우 넓고 가격대도 다양하다. 마루가메마치 아케이드 안에 있어 접근성이 좋고, 늦은 시간까지 영업하므로 저녁 일정 후 들르기에도 편하다. 면세 대응 매장이며, 해외 관광객을 위한 안내 표시도 비교적 잘 정리되어 있다. 가벼운 쇼핑, 선물 준비, 소소한 구경까지 일정 중 활용도가 높은 매장이다.

지도 P.146-A1 **주소** 香川県高松市丸亀町14-8 **전화** 0570-058-107 **홈페이지** www.donki.com **운영** 09:00~01:00 **가는 방법** 고토덴 가타하라마치역(片原町駅)에서 도보 6분 **발음** 돈키호테 다카마츠 마루가메마치텐

호빵맨 패치. 모기나 벌레 물림 가려움을 완화하는 패치형 연고

코이스루 오시리 힙 케어 스크럽 비누. 복숭아 모양의 스크럽 비누, 각질 제거와 피부 정돈 효과

아시리라 수액세트. 노폐물 배출과 피로 완화를 돕는 일본 인기 디톡스 패치

유즈 폰즈. 유자 향이 더해진 일본식 간장 소스

모공 속 노폐물까지 제거해주는 효소 세안폼.

카베진과 오타이산. 소화 불량과 속쓰림을 완화하는 일본 대표 위장약

야키이모 스프레드. 고구마의 달콤한 맛을 살린 잼 형태의 스프레드

멜라노CC 효소 세안

Tip 돈키호테 파우다카마쓰점
ドン・キホーテ パウ高松店

시내 중심부에서 조금 떨어져 있지만, 규모가 크고 매장 동선이 넓어 여유롭게 쇼핑하기 좋은 점포다. 식료품·과자·주류·화장품·생활잡화·가전·장난감 등 품목 구성이 폭넓고, 세일 상품과 가성비 제품이 많아 실속 쇼핑에 적합하다. 주차장이 잘 갖춰져 있어 차량 방문이 편하고, 현지인 이용 비율이 높아 관광지에 있는 매장보다 한가롭게 둘러볼 수 있다. 면세가 적용되고 카드 결제도 편리하게 이용 가능하다. 여행 중 대량 구매나 실용적인 쇼핑, 가격 비교를 하고 싶을 때 방문하기 좋다.

지도 P.144-B2 **주소** 香川県高松市上天神町536 **전화** 0570-025-311 **홈페이지** www.donki.com **운영** 09:00~03:00 **가는 방법** JR 다카마쓰역(高松駅)에서 버스를 타고 유메타운 다카마쓰앞(ゆめタウン高松前) 정류장 하차 후 도보 10분 **발음** 돈키호테 파우 다카마쓰텐

마쓰야마
松山

시코쿠를 대표하는 도시 중 하나로, 온천과 성곽이 어우러진
전통적인 풍경이 인상적인 곳이다. 일본에서 오래된 온천
중 하나인 도고온천과 언덕 위 마쓰야마성이 알려졌으며
아기자기한 분위기가 느껴진다.

● 마쓰야마
松山

ATTRACTION
마쓰야마 볼거리

마쓰야마성 松山城

마쓰야마를 대표하는 명소이자, 시코쿠에 몇 남지 않은 천수각을 보유한 귀한 성채다. 마쓰야마 시내 어디에서든 눈에 띄는 이 성은 임진왜란 당시 일본 수군 장수로 이름난 가토 요시아키가 축조를 시작하여 1627년에 현재의 모습으로 완성되었다. 자연 지형을 적극 활용한 산성(山城) 구조와 평지 성곽의 요소가 결합된 복합 성곽이라는 점에서 역사적·건축적 가치가 높다. 도보로 오를 수 있으나 경사가 가파르므로 로프웨이

나 리프트(P.98)를 이용하는 편이 좋다. 하차 후에는 성까지 도보로 약 10분 정도 소요된다. 천수각 앞뜰은 봄마다 화사하게 피어나는 벚꽃으로 유명하며, 1월에는 매화를 감상할 수 있다. 특히 마쓰야마 시내와 바다가 시원스레 펼쳐지는 조망이 일품이다.

지도 P.148-C1 ▶ 주소 愛媛県松山市丸之内1 전화 089-921-4873 홈페이지 www.matsuyamajo.jp 운영 09:00~17:00(마지막 입장 16:30, 계절에 따라 변동 있음) 요금 [천수각] 성인 ¥520, 어린이 ¥160 가는 방법 트램 오카이도(大街道) 정류장 하차 후 도보 5분. 또는 마쓰야마 로프웨이(P.98) 하차 후 도보 10분 발음 마츠야마조

마쓰야마성 로프웨이·리프트 松山城ロープウェイ·リフト

마쓰야마성으로 빠르게 갈 수 있는 교통수단이다. 마쓰야마 번화가인 오카이도에서 승강장까지는 도보로 이동할 수 있으며, 오르막길에는 다양한 상점과 식당이 즐비하여 지루할 틈이 없다. 자동 발 매기에서 표를 편도 또는 왕복을 선택하여 구매한 후 오르면 된다. 로프웨이와 리프트는 산 아래 시노모메구치(東雲口) 승강장과 산 위 조자가나루(長者ヶ平) 승강장을 오간다. 로프웨이와 리프트는 같은 경로로 이동하며, 어린이를 동반한 가족은 개방적인 리프트 대신 로프웨이를 이용하는 것이 좋다. 1명씩 탑승하는 리프트는 수시로 운행되며 편도 6분 정도 소요된다. 로프웨이는 10분 간격으로 운행되며 3분 정도 소요된다. 성 반대편에 있는 제2성 유적정원으로 내려갈 경우에는 편도 티켓만 구매하여 이용하는 것이 좋다.

지도 P.148-D1 ▶ 주소 愛媛県松山市丸之内3-2-46 전화 089-921-4873 홈페이지 www.matsuyamajo.jp. 운영 [로프웨이] 2~7·9~11월 08:30~17:30, 8월 08:30~18:00, 12~1월 08:30~17:00 [리프트(체어리프트)] 08:30~17:00(연중 동일) 요금 [왕복] 성인(중학생 이상) ¥520, 어린이(초등학생) ¥260, [편도] 성인 ¥270, 어린이 ¥140 가는 방법 트램 오카이도(大街道) 정류장 하차 후 도보 5분 발음 마츠야마조 로푸웨이 리후토

마쓰야마성 니노마루 사적 정원 松山城二之丸史跡庭園

마쓰야마성에서 계단을 따라 올라가면 나오는 정원이다. 원래 이곳은 번주 가문이 생활하던 궁전과 부속 건물이 자리하던 제2성 구역이었다. 이후 본래 기능은 소실되고 화재, 전쟁, 도시개발을 겪으며 건물은 사라졌으나 발굴 조사에서 건물 배치와 생활 시설 흔적이 확인되어 이를 토대로 역사 유원지 형태로 복원 및 정비가 이루어졌다. 정원 내부는 화초, 감귤나무, 물, 돌, 잔디 등으로 공간을 구분하여 옛 건물의 형태를 섬세하게 재현했다. 정원은 일본식 정원의 요소를 현대적인 감각으로 재해석하여 배치했다. 물길과 연못은 성곽 하부 생활 공간의 흐름을 상징적으로 나타내며, 계절별로 다른 식물을 심어 방문할 때마다 다채로운 분위기를 경험할 수 있다. 여름에는 짙푸른 녹음이, 봄과 가을에는 화려한 꽃과 단풍이 아름다운 색채를 뽐내며 절경을 선사한다.

지도 P.148-C1 ▶ 주소 愛媛県松山市丸之内5番地 전화 089-921-2000 홈페이지 www.matsuyamajo.jp 운영 09:00~17:00(8월 ~17:30, 12~1월 ~16:30) 요금 성인 ¥200, 어린이(초등학생) ¥100 가는 방법 마쓰야마성 바로 아래에 위치 발음 마츠야마조 니노마루 시세키 테이엔

반스이소 萬翠荘

1922년에 지어진 마쓰야마 번주 후손의 별장으로, 마쓰야마성 아래에 자리한다. 프랑스풍 신고전주의 양식으로 건축했으나 일본 기후와 생활에 맞춰 일부 구조를 현지화했다. 정면의 대칭적 파사드, 돌조각 장식, 넓은 창과 발코니가 돋보이며, 내부에는 2층까지 트인 홀, 장식 천장, 섬세한 몰딩, 당시 최신 재료를 사용한 계단과 난간 등이 펼쳐진다. 이곳은 당대 최고의 사교장이었으며, 세련된 장식품과 집기류는 당시 명사들이 누렸던 호화로운 생활을 짐작케 한다. 맞은편에는 일본의 유명 소설가 나쓰메 소세키가 하숙했던 자리에 들어선 분위기 좋은 카페 '애송정'이 있어 함께 둘러보기에 좋다.

지도 P.148-C1 **주소** 愛媛県松山市一番町3-3-7 **전화** 089-921-3711 **홈페이지** www.bansuisou.org **운영** 09:00~18:00, 월요일 휴관 **요금** 성인 ¥300, 어린이 ¥100, 6세 이하 무료 **가는 방법** 트램 오카이도(大街道) 정류장 하차 후 도보 3분 **발음** 반스이소

언덕 위의 구름 뮤지엄
坂の上の雲ミュージアム

일본 역사 소설가 시바 료타로의 작품 〈언덕 위의 구름〉을 주제로 그 시대의 배경을 조망하는 박물관이다. 안도 다다오가 설계를 맡았으며 콘크리트와 유리, 직선과 곡선, 빛과 그림자를 활용한 특유의 미니멀한 공간 연출이 강하게 느껴진다. 내부에 들어서면 위로 올라갈수록 시야가 점차 넓어지며, 건물 전체가 마치 하나의 '서사 동선'처럼 설계되어 있다. 주로 일본 근대사의 영광과 자부심을 강조해 러일전쟁과 제국주의 팽창의 결과를 긍정적으로 포장한다는 비판 또한 존재한다. 건축적 완성도와 전시의 서사적 몰입도는 분명 매력적이지만, 동시에 그 서사가 지닌 한계와 편향도 함께 고려해야 비로소 이 장소의 의미가 더욱 분명해진다. 역사적 자부심과 기억의 정치, 건축적 감성까지 한 번에 체험하며 깊은 생각에 잠기게 하는 박물관이다.

지도 P.148-C1 **주소** 愛媛県松山市一番町3-20 **전화** 089-915-2600 **홈페이지** www.sakanouenokumomuseum.jp **운영** 09:00~18:30(마지막 입장 18:00), 월요일 휴관 **요금** 성인 ¥400, 고등학생·65세 이상 ¥200, 중학생 이하 무료 **가는 방법** 트램 오카이도(大街道) 정류장 하차 후 도보 2분 **발음** 사카노 우에노 쿠모 뮤지엄

에히메 현립 미술관 愛媛県美術館

마쓰야마성과 함께 도시 문화의 중심축을 담당하는
공공 미술관이다. 성곽을 감싸는 해자와 광장, 공원
을 잇는 동선이 자연스럽게 연결되어 편리하게 오갈
수 있다. 에히메 및 시코쿠 지역 출신 작가들의 회화
와 조각, 일본 근현대 미술의 흐름을 보여주는 컬렉션, 서양 미술을 차분하게 배치한 구성이 돋보인
다. 일본 국내 순회전은 물론, 해외 미술관과 연계한 특별 전시, 디자인·사진·현대미술 등 여러 장르
를 아우르는 프로그램이 주로 개최된다. 피카소, 앤디 워홀 같은 세계적인 예술가의 전시회도 종종
열리니 방문 전 확인해보고 시기를 잘 맞추면 좋다.

지도 P.148-B2 **주소** 愛媛県松山市堀之内5 **전화** 089-932-0010 **홈페이지** www.ehime-art.jp **운영** 09:40~18:00
(마지막 입장 17:30), 월요일·12/29~1/3 휴관 **요금** 기획전 마다 상이 **가는 방법** 트램 미나미호리바타(南堀端) 정류장
하차 후 도보 1분 **발음** 에히메켄 비주츠칸

JR 마쓰야마역 JR 松山駅

다카마쓰, 히로시마, 혹은 오카야마에서
기차를 타고 들어올 때 마주하게 되는 마
쓰야마의 관문이다. 여느 일본 도시와 달
리, 몇몇 호텔을 제외하면 큰 번화가는 찾
아보기 어렵고, 오히려 대부분의 기반 시
설은 마쓰야마시역 주변에 모여 있다. 시
가지 단절, 역 서부 개발 등의 문제로 인해
2024년 역 전체를 증축하였으며, 그 과정
에서 많은 상업 시설이 함께 들어섰다. 역
바로 앞에는 시내로 향하는 노면전차 역이
있으며, 맞은편에는 고속버스 승차장도 있
다.

지도 P.148-A2 **주소** 愛媛県松山市南江戸1丁目14-1 **전화** 089-943-5101 **홈페이지** www.jr-shikoku.co.jp **운영**
티켓 창구 07:00~19:40, 자동승차권 발매기 04:30~23:50 **가는 방법** 트램 마쓰야마에키마에(松山駅前) 정류장 하차
후 바로 **발음** 마츠야마 에키

도고온천역 道後温泉駅

마쓰야마 도고 지역의 관문 역할
을 하는 상징적인 건축물이다. 외
관은 목조 양식과 서양풍 요소가
결합된 형태로, 1911년 개업 당시
의 분위기를 고스란히 복원한 것
이 특징이다. 노면전차(트램)의 출
발역이자 봇짱열차의 종착역이기
도 하다. 1986년 복원 완료 후 현
재까지 그 모습을 유지하고 있으

며, 역 앞으로 나가면 도고온천 상점가와 봇짱 시계로 연결된다. 역 건물 1층에 스타벅스가 입점해 많
은 이의 이목을 끌고 있다.

지도 P.149-B2 **주소** 愛媛県松山市道後町1丁目10-12 **전화** 089-948-3323 **가는 방법** 트램 종점 도고온센(道後温
泉) 정류장 하차 후 바로 **발음** 도고온센 에키

봇짱 카라쿠리 시계 坊っちゃんカラクリ時計

도고온천역 앞에 있는 이 시계는 도고온천 지역
의 상징적인 랜드마크이자 명물이다. 일본 전통
기계 인형 장치의 개념을 현대적으로 재해석한
구조물로, 소설가 나쓰메 소세키의 대표작 〈봇
짱〉의 세계관과 결합하여 독특한 풍경을 연출
한다. 매시 정각에 시계탑이 수직으로 확장되
며 층이 하나씩 올라가고, 등장인물들이 나타나
감탄을 자아낸다(토·일요일·공휴일, 3·4·8·11
월, 골든위크, 새해 공휴일에는 30분마다 추가
공연이 있음). 바로 앞에는 목욕물을 끓이는 솥
인 유가마에서 흘러넘치는 물로 운영하는 무료
족욕탕이 있어 인기가 많으며, 밤에는 가스등이
켜져 특유의 분위기를 자아낸다.

지도 P.149-B2 **주소** 愛媛県松山市道後湯之町6-7 **운
영** 08:00~22:00, 매시 정각에 작동 **가는 방법** 트램 종
점 도고온센(道後温泉) 정류장 하차 후 바로 **발음** 봇짱
카라쿠리 도케이

도고온천 본관 道後温泉本館

3,000년 역사를 자랑하는 일본 최고(最古)의 온천, 도고온천의 대표적인 상징이자 랜드마크라 할 수 있다. 일본 애니메이션 '센과 치히로의 행방불명'의 모티브가 된 곳으로, 현재의 목조 건물은 메이지 시대 후기인 1894년에 완공되었으며, 이후 확장 공사를 거쳐 지금과 같은 복합적인 구조를 갖추었다. 전통적인 일본 목조 건축 양식을 따르면서도, 당시의 최신 기술과 화재 대비 설비를 도입한 것이 특징이다. 건물 외관은 층층이 겹쳐진 지붕과 복잡한 동선이 만들어내는 독특한 실루엣 덕분에 마치 거대한 미로처럼 보이는데, 이러한 구조는 '온천 마을의 중심이자 시민들의 생활 공간'이라는 특징을 잘 나타낸다. 국가 중요문화재로 지정되었으며, 문학과의 연계성도 크다. 나쓰메 소세키의 소설 〈도련님〉에 등장해 전국적인 인지도를 얻었으며, 이후 소설, 만화, 드라마 등의 배경으로 자주 등장하면서 '문학이 살아 숨 쉬는 온천'이라는 이미지를 확고히 했다. 건물 내부는 입욕 공간은 물론, 대기실, 휴식 공간, 전통 양식 객실 등이 복층 구조로 배치되어 있어, 단순한 목욕 시설이 아닌 '머무르면서 체험하는 공간'으로 설계되었다. 과거에는 왕실 전용 공간이 별도로 마련되어 있었다는 점도 주목할 만하다. 2018년 본관 수리 이후 한동안 제 모습을 드러내지 못했으나, 2024년 오랜 보수 공사를 마치고 현재는 모든 시설이 영업을 재개했다. 1층에는 대욕탕인 카미노유와 타마노유가 있고, 2·3층에는 대휴식실과 개인실이 마련되어 있다. 나쓰메 소세키가 방문했던 봇짱의 방과 일본 왕실 전용 욕탕인 '유신덴'은 가이드 투어 또는 자유 투어를 통해 둘러볼 수 있다. 바로 앞에는 상점가가 있어 온천욕 후 산책 삼아 거닐어보는 것도 좋다.

지도 P.149-C1 ▶ 주소 愛媛県松山市道後湯之町5-6 전화 089-921-5141 홈페이지 dogo.jp/onsen/honkan 운영 06:00~23:00(마지막 입장 22:30) 요금 [일반 목욕] 성인 ¥700, 어린이 ¥350, [2층 휴식 포함] 성인 ¥1,250, 어린이 ¥620, [목욕+개인실] 성인 ¥1,550, 어린이 ¥770, 이 외에 다채로운 코스와 옵션이 있음 가는 방법 트램 종점 도고온센(道後温泉) 정류장 하차 후 도보 5분 발음 도고온센 혼칸

Tip 도고온천 제대로 즐기기

① 매표소에서 안내판을 참고하여 이용할 온천 플랜을 결정하고 티켓을 구매한다.

② 신발장에 신발을 보관한 후 안내를 받아 탈의실이나 휴게실로 이동한다.

③ 1층 대온천을 선택했다면 탈의실에서 옷을 갈아입고 대욕탕에서 온천욕을 즐기면 된다.

④ 2층 개인실을 선택했다면 2층 전용실에서 유카타로 갈아입고 1층 대욕탕으로 이동한다. 온천욕 후에는 휴게실로 돌아와 차와 함께 제공되는 간식을 맛볼 수 있다.

유신덴 又新殿

도고온천 본관 내부에 별도로 마련된 황실 전용 목욕 시설이다. 1899년에 건축된 일본 유일의 황실 전용 공중온천 건물로 기획된 공간이다. 내부에는 전용 대기실과 수행원을 위한 공간이 있고, 의전 이동 동선은 완벽하게 분리된다. 바닥, 천장, 창호 등에는 최고급 재료와 정교한 수공예 장식이 사용되었다. 해설을 곁들여 관람할 수 있으며, 본관에서 온천을 이용하지 않고 유신덴만 별도로 관람하는 것도 가능하다.

지도 P.149-C1 요금 성인 ¥260, 어린이 ¥130

도고온천 쓰바키노유

道後温泉椿の湯

지역 주민과 여행객 모두가 즐겨 찾는 대중탕인 쓰바키노유는 도고온천의 오랜 역사 속에서 '생활 온천'으로서 제 역할을 묵묵히 수행해온 공간이다. 화려한 상징과 관광 명소로 이름 높은 본관과 대조적으로, 쓰바키노유는 소박하고 실용적인 분위기 속에서 온천 본연의 효능에 집중하는 것이 특징이다. 시설은 간결하지만 기능적이다. 넓은 욕조를 중심으로 기본적인 설비가 잘 갖춰져 있으며, 관광객은 물론 지역 주민들이 주로 이용한다는 점에서 단순한 '관광객 체험 공간'이 아닌, 실제 생활과 밀접하게 연결된 지역 커뮤니티 목욕탕으로서의 면모를 보인다. 따라서 본관이나 별관처럼 개인실은 따로 마련되어 있지 않다. 본관과 동일한 온천수를 사용하며, 피로 해소와 혈액 순환에 효능이 있다고 한다. 본관이 붐비거나 대기 시간이 길 경우, 혹은 좀 더 조용하고 정갈한 분위기의 온천을 찾는 이들에게 훌륭한 대안이 될 것이다.

지도 P.149-B1 주소 愛媛県松山市湯之町19-22 전화 089-932-1126 홈페이지 dogo.jp/onsen/tsubaki 운영 06:30~23:00(마지막 입장 22:30) 요금 성인(12세 이상) ¥450, 어린이(2~11세) ¥150 가는 방법 트램 종점 도고온센(道後温泉) 정류장 하차 후 도보 3분 발음 도고온센 츠바키노유

도고온천 별관 아스카노유

道後溫泉別館 飛鳥乃湯泉

도고온천 지역의 새로운 랜드마크인 아스카노유는 '전통을 현대적으로 재해석한 온천 문화 공간'을 지향하며 설계되었다. 이름에서 알 수 있듯이 아스카 시대의 미학과 일본 고대 문화에서 영감을 얻어 건축과 실내 디자인 곳곳에 반영한 것이 특징이다. 비교적 최근인 2017년에 문을 열어 당시 큰 화제가 되었다.

본관과 마찬가지로 플랜에 따라 개인실과 휴게실을 이용할 수 있으며, 이곳에는 유신덴을 재현한 특별한 욕실이 마련되어 있다. 개인실은 이마바리 수건, 칠기, 조각, 염색 공예, 매듭 공예 등 각기 다른 테마로 꾸며져 있으며, 내부 욕탕에는 지역 설화에서 영감을 얻은 조명 연출이 더해져 특별한 경험을 선사한다.

지도 P.149-B1 주소 愛媛県松山市道後湯之町19-22 **전화** 089-932-1126 **홈페이지** dogo.jp/onsen/asuka **운영** 06:00~23:00(마지막 입장 22:30) **요금** [1층 공중탕(욕실만)] 성인 ¥610, 어린이(2~11세) ¥300, [욕탕+2층 대휴게실 포함] 성인 ¥1,280, 어린이 ¥630, [욕탕+2층 개인실·휴식실 포함] 성인 ¥1,690, 2층 가족탕은 **전화**로 사전 예약 필요 **가는 방법** 트램 종점 도고온센(道後溫泉) 정류장 하차 후 도보 3분 **발음** 도고온센 베칸 아스카노유

도고공원, 유즈키성 유적 **道後公園, 湯築城跡**

중세 이요국(伊予国)의 정치 거점이었던 유즈키성(湯築城) 유적을 간직한 역사 공간이자 지역 주민의 산책 공원이다. 공원 전체가 곧 성터이자 사적으로 정비되어 있다. 유즈키성은 14세기 남북조 시대부터 무로마치 시대에 걸쳐 이요국을 통치하던 군사·행정의 중심지였다. 당시의 유즈키성은 산 위에 천수각을 중심으로 쌓은 에도 시대의 성과 달리, 평지에 해자와 토루를 둘러 쌓은 토성이었다. 현재 공원에서는 일부 토루 복원, 해자 흔적 정비, 성 내부 공간 구조를 가늠할 수 있는 지형 복원이 이루어져 당시를 상상할 수 있다. 성 정상에 오르면 도고온천 일대와 주위가 훤히 보이고, 복원된 옛 주택들에서는 당시의 생활상을 고스란히 엿볼 수 있다. 언제나 꽃이 피어 있어 가볍게 산책하기 좋다.

지도 P.149-C2 주소 愛媛県松山市道後公園1 **전화** 089-941-1480 **홈페이지** dogokouen.jp **운영** 전시관 09:00~17:00, 월요일· 12/29~1/3 휴무 **요금** 무료 **가는 방법** 트램 도고코엔(道後公園) 정류장 하차 후 바로 **발음** 도고코엔·유즈키조 아토

봇짱 열차 박물관 坊っちゃん列車ミュージアム

마쓰야마를 상징하는 관광 자산인 '봇짱 열차'를 중심으로, 이 도시의 교통사와 문화를 함께 조망할 수 있는 작은 규모의 테마 박물관이다. 박물관은 에히메의 대표 교통 회사인 이요철도(IYOTETSU)가 운영하며, 실제 차량 부품과 모형, 패널을 전시해 메이지 시대 증기 기관차의 탄생부터 현재에 이르기까지 복원 및 활용 과정을 한눈에 보여준다. 규모는 크지 않으나 전시 밀도가 높고, 설명도 비교적 이해하기 쉬워 '짧게 들르기 좋은' 공간이라는 점이 특징이다. 아이와 함께 방문하기에도 부담이 적다. 모형 열차가 움직이는 전시, 키 낮은 설명 패널, 체험 요소 등이 적절하게 배치되어 있어 가족 단위 방문객에게 인기가 많다. 마쓰야마시역에서 가깝고 같은 건물에 스타벅스가 입점해 있어 커피 한 잔을 즐기고 가기에도 좋다.

지도 P.148-C2 **주소** 愛媛県松山市湊町4丁目4-1 **전화** 089-948-3290 **홈페이지** www.iyotetsu.co.jp/museum **운영** 07:00~21:00 **요금** 무료 **가는 방법** 트램 마쓰마야시역(松山市駅) 정류장에서 하차 **발음** 봇짱 렛샤 뮤지엄

마쓰야마 종합공원 전망광장 松山総合公園展望広場

사계절 내내 한가로운 시간을 보내기에 더없이 좋은 공원이다. 마쓰야마 시정 100주년을 기념하여 조성된 이곳은 깨끗한 자연과 다채로운 편의시설을 자랑한다. 계절에 따라 화사하게 피어나는 벚꽃, 철쭉, 해바라기 등은 아름다운 경관을 뽐내며, 비록 낡았지만 다양한 놀이기구가 마련되어 있어 온 가족이 함께 즐거운 시간을 보내기에 안성맞춤이다. 특히, 유럽의 탑을 떠올리게 하는 전망대는 방문객의 시선을 단번에 사로잡는다. 전망대 정상에서는 '마쓰야마성'을 비롯하여 탁 트인 앞바다와 시내 전경을 360도로 감상할 수 있으며, 이국적인 전망탑을 배경으로 멋진 사진을 남길 수 있다.

지도 P.147-B1 **주소** 愛媛県松山市朝日ヶ丘1丁目 **홈페이지:** www.city.matsuyama.ehime.jp **운영** 전망탑 09:00~17:00 **가는 방법** 이요철도 니시키누야마역(西衣山駅)에서 도보 15분 **발음** 마츠야마 소고 코엔 텐보 히로바

▶Plus 조금은 멀지만, 가볼 만한 마쓰야마 교외 여행지

마쓰야마에서 한 발짝 나아가면 일본에서 가장 아름다운 해안으로 꼽히는 세토내해를 둘러볼 수 있다. 기차를 타고 시모나다역 또는 이마바리로 떠나보자.

시모나다역 下灘駅

바다와 맞닿아 있는 아름다운 역으로 잘 알려져 있다. 요산선 해안 구간에 자리한 이 작은 역은 복잡한 시설이나 화려한 건물은 찾아볼 수 없다. 그럼에도 이곳이 유명해진 까닭은 자명하다. 플랫폼에서 마주하는 바다 풍경이 그야말로 절경이기 때문이다. 역사 바로 앞에 펼쳐지는 세토내해의 수평선과 역과 바다 사이를 가로막는 구조물이 거의 없어 시원하게 트인 시야, 열차가 도착하고 떠나는 찰나가 자연 풍경 속에 녹아드는 모습이 이 역을 대표하는 이미지다. 특히 석양 무렵 이곳의 풍광은 빼어나기로 유명하다. 플랫폼 의자에 앉아

있으면 해가 수평선 너머로 서서히 저물고, 노을빛이 하늘과 바다를 붉게 물들이는 장관을 눈앞에서 감상할 수 있다. 열차 시간을 잘 맞추면 누구나 인생 사진을 남길 수 있는 곳으로 손꼽힌다. 이 역은 TV 드라마, 광고, 여행 프로그램에 여러 차례 등장하며 '바다를 가장 가까이서 만나는 역'이라는 명성을 얻었다. 열차 운행 간격이 긴 데다, 특정 시간대에 인파가 몰리므로 사진 촬영 시에는 예절과 안전에 각별히 유의해야 한다. 렌터카를 이용해 방문할 경우 주차장이 다소 떨어져 있으므로, 열차 운행 시각을 미리 확인하는 것이 좋다.

지도 P.143-B2 ▶ 주소 愛媛県伊予市双海町大久保 운영 24시간 가는 방법 JR 마쓰야마역(松山駅)에서 출발해 JR 시모나다역(下灘駅) 하차, 1시간 정도 소요 발음 시모나다 에키

이마바리성 今治城

이마바리시를 상징하는 성으로, 바다 위에 성을 세운 듯한 독특한 입지와 거대한 해수 해자(바닷물 해자)로 유명하다. 에도 시대 초, 무사이자 축성의 명장으로 알려진 도도 다카토라(藤堂高虎)가 축성한 이 성은 '바다를 방어선으로 삼는 성'이라는 점에서 일본 성곽사에서

도 중요한 의미를 지닌다. 성 중심부에는 복원된 천수각이 있으며, 내부는 역사 자료관으로 운영되어 축성 과정, 이마바리 지역의 역사, 도도 다카토라 관련 전시를 살펴볼 수 있다. 높은 전망대에 오르면 이마바리 시내와 바다, 구루시마 해협대교의 시원한 풍경이 한눈에 들어와 사진 촬영 명소로도 손색이 없다. 야간에는 성과 해자가 밝은 조명을 받아 낮과는 또 다른 분위기를 즐길 수 있다. 시내 중심과 가까워 접근성이 뛰어난 데다, 세토내해 여행과 연계하여 방문하기에도 좋다. 역사, 건축, 풍경을 모두 만끽할 수 있어 방문할 가치가 충분한 곳이다.

지도 P.143-B1 **주소** 愛媛県今治市通町3丁目1-3 **전화** 0898-31-9233 **홈페이지** www.city.imabari.ehime.jp/ **운영** 09:00~17:00(마지막 입장 16:30), 연말연시(12/29~31) 휴무 **요금** 성인 ¥520, 대학생·고등학생 ¥260 **가는 방법** JR 이마바리역(今治駅)에서 버스를 타고 이마바리성앞(今治城前)에서 하차 **발음** 이마바리조

+PLUS AREA
우치코 内子

에도·메이지 시대의 흰 벽 거리 풍경이 고스란히 남아 있는 고장이다. 한때 목랍(양초) 산업으로 번성했던 흔적이 거리 곳곳에서 느껴진다.

 '지도 키워드'는 구글 맵스(Google Maps)에서 사용 가능한 검색 키워드로, 애플리케이션을 실행 후 키워드를 입력하면 목적지를 쉽게 찾을 수 있습니다.

마쓰야마에서 우치코 가는 법

JR 마쓰야마역(松山)에서 요산선(予讃線) 특급 '우와카이(宇和海)'를 타면 약 25~30분 만에 우치코역에 도착한다. 역에서 전통 거리까지는 도보로 10~15분 정도로, 별도의 교통편 없이도 충분히 이동할 수 있다.

우치코초 비지터 센터 아룬제
内子町ビジターセンター A·runze

우치코역에서 도보로 약 10분 거리에 있는 관광안내소다. 우치코 여행에 필요한 다양한 정보를 얻을 수 있으며, 2층에서는 전시회가 개최된다. 본래 경찰서였던 건물을 리모델링하여 사용하고 있으며, 주변에는 기념품 상점과 카페 등 여러 편의시설이 있다. 그야말로 우치코 여행의 출발점이라 부를 만하다.

주소 愛媛県喜多郡内子町内子2020 **전화** 089-44-3790 **홈페이지** www.we-love-uchiko.jp **운영** 4~9월 09:00~17:30, 10~3월 09:00~16:30, 목요일 휴관 **가는 방법** JR 우치코역(内子駅)에서 도보 10분 **발음** 우치코초 비지타 센타 아룬제 **지도 키워드** 우치코초 비지터 센터

우치코자 内子座

우치코 마을의 상징이자 독특한 외관을 자랑하는 가부키 극장이다. 일본 근대 공연 문화의 일면을 생생히 드러내는 공간이기도 하다. 1916년에 건립된 이 건물은 본래 극장 겸 영화관으로 활용되었으며, 우치코라는 작은 도시에서 문화예술과 공동체가 어떻게 융합되었는지를 엿볼 수 있는 소중한 유산이다. 외관은 서양식 연극극장에서 영감을 받아 유럽 극장의 세련된 비례미와 일본 전통 건축의 은은한 질감이 조화롭게 어우러져 있다. 지붕과 처마, 목재의 곡선 디테일은 일본 고유의 장인정신을 보여준다. 내부에는 2층 객석 구조가 보존되어 있어, 당시 관객들이 공연을 어떻게 향유했는지 짐작하게 한다. 현재도 다채로운 전통 공연이 활발하게 개최되며, 공연이 없는 시간에는 내부를 자유로이 관람할 수 있다. 다만 2024년 9월부터 약 4년간 대대적인 보수 공사가 예정되어 있어 외관은 가려질 수 있으며, 일부 구역만 개방될 예정이다.

주소 愛媛県喜多郡内子町内子2102 **전화** 089-344-2840 **홈페이지** www.town.uchiko.ehime.jp/site/uchikoza **운영** 09:00~16:30(마지막 입장 16:30), 연말연시(12/29~1/2) 휴무 **요금** 성인 ¥400, 초등·중학생 ¥200 **가는 방법** JR 우치코(内子)역에서 도보 10분 **발음** 우치코자 **지도 키워드** 우치코자

상업과 생활 박물관

商いと暮らし博物館

메이지 시대부터 쇼와 시대까지 가업을 이어 온 약상 '사노약국'의 부지와 건물을 우치코 마을에서 매입하여 상업과 생활 박물관으로 개관했다. 식사나 일상생활 등의 모습을 인형으로 실감나게 재현하여 근대 상인의 생활사를 흥미롭게 보여준다. 상업 파트에는 옛 가게 내부와 상점가 풍경이 정교하게 재현되어 있으며, 당시 사용된 간판, 포장지, 계산대, 진열대, 물건을 쥐고 흥정하던 사람들의 흔적이 고스란히 남아있다. 당시 상인들은 가게에서 생활하며 판매를 겸했기에, 그 공간을 거닐며 마치 그 시대 사람이 된 듯한 기분으로 흥미롭게

둘러볼 수 있다. 우치코 옛 거리로 향하는 길목에 자리해 부담 없이 방문하기 좋다.

주소 愛媛県喜多郡内子町内子1938 **전화** 089-344-5220 **홈페이지** www.town.uchiko.ehime.jp/soshiki/3/rekimin.html **운영** 09:00~16:30(마지막 입장 16:30) **요금** 성인 ¥200, 초등·중학생 ¥100 **가는 방법** JR 우치코역(内子駅)에서 도보 10분 **발음** 아키나이토 쿠라시 하쿠부츠칸 **지도 키워드** 우치코 역사민속자료관

요카이치 고코쿠 거리 八日市·護国の町並み

600m에 달하는 거리 전체가 국가 중요 전통 건축물 보존지구로 지정되었다. 길게 늘어선 하얀 회반죽 벽의 창고와 격자창(木格子), 깊게 들어간 처마가 특징인 에도·메이지 시대의 상점 주택들이 남아 있다. 일부 건물은 여행자들에게 개방하며, 상점이나 카페로 활용되는 곳도 있다. 거리 끝에 자리한 고쇼지(高昌寺)에서 초입

의 이요은행에 이르기까지, 다양한 전통 가옥을 둘러보며 시간 여행을 떠나보자.

주소 愛媛県喜多郡内子町内子(八日市〜護国一帯) **전화** 089-44-3790 **가는 방법** JR 우치코역(内子駅)에서 도보 20분 **발음** 요카이치·고코쿠노 마치나미 **지도 키워드** Yokaichi and Gokokucho Conservation Center

혼하가 저택 本芳我家住宅

메이지 시대 목랍 생산으로 막대한 부를 축적한 거상 혼하가 가문의 저택이다. 우치코의 목랍 산업이 절정에 달했던 시기에 건축되었으며, 고급스럽고 화려한 디자인이 건물 곳곳에서 엿보인다. 보존 지구 내에서도 가장 크고 웅장한 건축물로 알려져 있다. 다만 견학은 정원과 외관만 가능하다.

주소 愛媛県喜多郡内子町内子2888 **전화** 0893-44-5212 **운영** 정원 상시개방 **가는 방법** JR 우치코역(内子駅)에서 도보 20분 **발음** 혼하가케 쥬타쿠 **지도 키워드** Honhaga Family Residence

목랍 자료관 가미하가테

木蝋資料館 上芳我邸

목랍 생산으로 부를 축적한 혼하가의 분가로, 본가와 마찬가지로 목랍 생산으로 번성한 상인의 집이다. 중심 건물과 부속 곳간은 국가 중요문화재로 지정되었고, 현재는 부지 전체를 목랍 자료관으로 운영한다. 우치코의 목랍 제조업이 이 지역과 일본의 발전에 어떤 영향을 미쳤는지, 이 마을 사람들의 생활상은 어떠했는지 상세히 알려준다. 3층으로 구성된 안채와 마당을 개방해,

당시 실제로 사용했던 도구나 재현 모형을 전시하여 역사와 생산 공정을 소개한다.

주소 愛媛県喜多郡内子町内子2696 **전화** 0893-44-2771 **홈페이지** www.town.uchiko.ehime.jp/site/hozonsenta/kamihaga.html **운영** 09:00~16:30(마지막 입장 16:30), 연말연시(12/29~1/2) 휴무 **요금** 성인 ¥500, 어린이(초등·중학생) ¥250 **가는 방법** JR 우치코역(内子駅)에서 도보 20분 **발음** 모쿠로오 시료칸 카미하가테이 **지도 키워드** 가미하가 저택

시모하가테이 そば処 下芳我邸

우치코 전통거리 초입에 자리한 소바집으로, 130년 역사의 오래된 상가를 개조하여 만들었다. 1층은 식당, 2층은 갤러리로 운영되며, 역사적인 건물의 분위기를 고스란히 담아낸 차분한 실내와 넉넉한 좌석 간격 덕분에 여유롭게 식사를 즐길 수 있다. 다만 늘 사람들로 북적여 어느 정도 대기 시간은 감수해야 한다. 우치코 지역 식재료로 정성껏 만든 소바와 튀김, 오니기리 등이 조화롭게 어우러진 노아소비벤토가 인기 메뉴이며, 특히 따뜻한 소바와 차가운 소바에 대한 평이 매우 좋다. 계절에 따라 곁들이는 재료나 구성에 약간의 변화를 주는 점도 매력적이다. 관광 동선과도 편리하게 연결되므로 우치코를 산책하다가 점심 식사나 휴식을 겸한 식사를 즐기기에 안성맞춤이다.

주소 愛媛県喜多郡内子町内子1946 전화 0893-44-6171 홈페이지 www.shimohagatei.com 운영 11:00~15:00(마지막 주문 14:30), 수요일 휴무 가는 방법 JR 우치코역(内子駅)에서 도보 10분 발음 시모하가테이 지도 키워드 시모하가테이

샤르무 シャルム Charme

우치코에서 가장 인기 있는 카페 겸 제과점이다. 전통 거리 한복판에 있는 유서 깊은 가옥을 개조하여 문을 열었으며, 인스타그램을 비롯한 각종 SNS에 소개되면서 많은 이가 찾기 시작했다. 매장 곳곳에 플랜테리어가 더해져 전체적으로 감성적인 분위기가 느껴지고, 입구에 아름답게 장식된 쇼케이스 속 다양한 빵들은 사람들을 끊임없이 유혹한다. 좌석은 일본식 다다미방으로, 식물과 창밖 풍경이 어우러져 동화 같은 분위기를 연출한다. 가게가 좁은 편이어서 사람이 많이 몰릴 때는 가게 밖에서 직원의 안내를 받아 대기해야 한다.

주소 愛媛県喜多郡内子町内子2896 전화 080-4036-8603 홈페이지 www.instagram.com/charme_bakery 운영 11:00~17:00, 월·화요일 휴무(공휴일 영업) 가는 방법 JR 우치코역(内子駅)에서 도보 25분 발음 샤르무 지도 키워드 샤르무(Charme)

+PLUS AREA
오즈 大洲

'이요(에히메현의 옛 이름)의 작은 교토'라 불릴 만큼 고즈 넉한 풍경을 간직한 도시다. 복원된 오즈성 천수각과 흰 벽 거리, 옛 상가 건물이 어우러져 정갈한 분위기를 자아낸다.

마쓰야마에서 오즈 가는 법

JR 마쓰야마역(松山)에서 요산선(予讃線) 특급 우와카이(宇和海)를 타면 약 30~40분 만에 JR 이요 오즈역(伊予大洲駅)에 도착한다. 역에서 오즈성 천수각과 전통 거리까지는 도보 또는 버스로 10~15 분 정도면 닿는다.

가류산장 臥龍山荘

오즈 번주(영주) 가토 야스쓰네는 용이 엎드린 모습이 호라이산과 흡사하다 하여 '가류(臥龍)' 라는 이름을 붙였다. 이후 번주들의 별장으로 쓰이다가 메이지유신 후 황폐해졌다. 현재의 산 장은 메이지 시대 무역상 고우치 도라지로가 여 생을 고향에서 보내고자 막대한 자금을 들여 이 지역 장인들에게 맡겨 지금의 모습을 갖추게 되 었다. 정원은 크게 본채인 가류인과 강변 절벽 에 자리 잡은 후로안으로 나뉘며, 일본 정원의 매력을 물씬 풍기는 곳이다. 미슐랭 그린 가이 드 일본 편에서 별 하나를 받았고, 가을이면 아 름다운 단풍이 정원 곳곳을 화려하게 수놓는다.

주소 愛媛県大洲市大洲411-2 **전화** 0893-24-3759 **홈페이지** www.en.garyusanso.jp, **운영** 09:00~17:00(마지막 입장 16:30) **요금** 성인 ¥550, 어린이(15세 이하) ¥220 **가는 방법** JR 이요오즈역(伊予大洲駅)에서 도보 25분 **발음** 가 류산소 **지도 키워드** Garyu Sanso

오즈 아카렌카관

おおず赤煉瓦館

1901년에 축조된 이 건물은 영국 풍으로 쌓아 올린 붉은 벽돌 벽에 일본식 기와를 얹은 우진각 지붕 구조를 자랑한다. 오랫동안 오즈상업은행 본점으로 활용되었으며, 현재는 지역 특산물과 기념품을 판매하는 공간, 갤러리와 휴식 공간으로 꾸며져 있다. 근처에는 일본 경제가 가장 번성했던 1960~70년대의 풍경을 재현한 포코펜요코초(ポコペン橫丁) 거리가 있으니 함께 방문해 보는 것을 추천한다.

주소 愛媛県大洲市大洲60 전화 0893-24-1281 홈페이지 jp.visitozu.com/archives/highlight/184 운영 09:00~17:00, 연말연시(12/29~31) 휴관 가는 방법 JR 이요오즈역(伊予大洲駅)에서 도보 15분 발음 오즈 아카렌가칸 지도 키워드 Ozu Akarenga-Kan

반센소 盤泉荘

필리핀 마닐라에서 무역회사를 운영하여 거부가 된 마쓰이 구니고로가 1926년, 고향인 오즈에 지은 별장이다. 고지대의 가파른 경사면에 자리 잡은 3층 목조 건물로, 창밖으로는 강과 산이 조화롭게 어우러진 아름다운 풍경을 감상할 수 있다. 동남아시아에서 엄선한 목재를 사용하였으며, 암반에서 끌어올린 샘물을 생활용수로 사용했던 흔적도 한 남아 있다. 일본 전통 양식에 발코니와 같은 서양식 현대 건축 기법을 도입하여 곳곳에서 독특함이 느껴진다. 저택 뒤뜰과 입구 쪽에는 정성스레 조성된 아름다운 정원도 있으니, 마음껏 사진을 찍어보자.

주소 愛媛県大洲市柚木317 전화 0893-23-9156 홈페이지 www.city.ozu.ehime.jp/site/kanko/43446.html 운영 09:00~17:00 요금 성인 ¥550, 어린이(중학생 이하) ¥220 가는 방법 JR 이요오즈역(伊予大洲駅)에서 도보 30분 발음 반센소 지도 키워드 반센소 ozu

오즈 마치노에키 아사모야
大洲まちの駅 あさもや

오즈 시내 중심에 자리 잡은 휴게소로, 거대한 주차장이 딸려 있어 렌터카로 오즈 여행을 하는 여행객들에게는 시작점이라 할 만하다. 오즈 여행에 필요한 팸플릿을 비롯한 각종 자료가 비치되어 있으며, 특산물 판매장과 식당도 있어 편리하다. 전통 거리는 물론 가류산장과 오즈 아카렌카관까지도 도보로 쉽게 이동할 수 있다.

주소 愛媛県大洲市大洲649-1 전화 0893-24-7011 운영 09:00~18:00, 연말연시(12/29~31) 휴무 가는 방법 JR 이요오즈역(伊予大洲駅)에서 도보 15분 발음 오즈 마치노에키 아사모야 지도 키워드 오즈 마치노에키 아사모야

오즈성 大洲城

히지카와 강변이 훤히 보이는 언덕에 축성되어 현재까지 오즈시를 상징하는 건축물로 남아 있다. 이순신 장군에게 완패한 도도 다카토라와 와키자카 야스하루가 이 성을 거점으로 삼았고, 조선의 유학자 강항이 포로로 끌려와 한동안 머물렀던 곳이기도 하다. 메이지유신 이후 천수각을 비롯한 많은 부분이 헐렸으나, 에도 시대에 제작된 목조 골격 모형 등 여러 사료를 토대로 2004년에 목조로 복원되었다. 내부에는 축성에 관한 자료가 전시되어 있으며, 천수각 최상층에 올라 주변 풍경을 조망할 수 있다. 아래편에서는 포로로 끌려와 일본에 성리학을 전파한 강항의 비석도 볼 수 있다.

주소 愛媛県大洲市大洲903 전화 089-24-1146 홈페이지 ozucastle.jp 운영 09:00~17:00(마지막 입장 16:30) 요금 성인 ¥550, 어린이(중학생 이하) ¥220 가는 방법 JR 이요오즈역(伊予大洲駅)에서 도보 25분 발음 오즈조 지도 키워드 오즈성

오즈 로바타 아부라야 大洲炉端 油屋

에도 시대 말기에 창업한 여관 '아부라야'의 이름을 계승한 식당이다. 여관 폐업 후 오즈시가 재건하여 2012년부터 영업을 이어오고 있다. 고즈넉한 일본식 정원과 목조 전통 가옥이 어우러진 분위기 속에서 채소, 생선, 된장, 간장, 소금은 물론 쌀까지 에히메현 현지 재료만 사용하는 미슐랭 레스토랑이다. 로바타야키 스타일의 이자카야로, 숯불 직화 구이와 지역 식재료를 주재료로 한 메뉴가 돋보인다. 도미, 멸치 등 세토내해의 해산물과 지역 채소, 고기를 숯불에 구워 풍미가 일품이며, 계절 재료를 활용한 일품요리와 일본주 구성 또한 안정적이다. 돼지고기덮밥과 도미밥도 인기가 많다.

주소 愛媛県大洲市大洲522-3 **전화** 0893-24-2125 **홈페이지** www.roundtable-tky.com/aburaya **운영** 11:30~14:00, 17:30~22:00, 월요일 휴무. 초등학생 미만 어린이는 저녁 식사 시간 출입 금지 **가는 방법** JR 이요오즈역(伊予大洲駅)에서 도보 15분 **발음** 오즈 로바타 아부라야 **지도 키워드** 오즈로바타 아부라야

시라이시 우동 白石うどん店

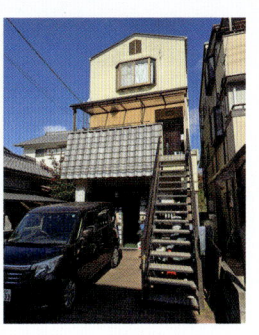

80년 전통을 자랑하는 동네 우동집이며 오즈성 초입에 있다. 인기 메뉴는 심플한 가케우동 계열이다. 면은 과하게 두껍지 않고 부드럽게 넘어가면서도 적당한 탄력이 남는 타입이고, 국물은 가쓰오 향이 또렷하면서 달짝지근한 간이 배어 있어 지역 특유의 '먹기 편한 우동'이라는 인상이 강하다. 토핑을 더해 먹는 메뉴나 세트 구성이 있어 든든하게 한 끼 해결하기 좋다. 한국어 메뉴도 구비해 편리하다. 메뉴가 조기 소진되거나, 예고 없이 가게 문을 닫는 경우가 종종 있다.

주소 愛媛県大洲市大洲880-12 **전화** 0893-24-2614 **운영** 11:30~16:00(재료 소진 시 조기 마감) **가는 방법** JR 이요오즈역(伊予大洲駅)에서 도보 25분. 오즈성 입구에 위치 **발음** 시라이시 우동 **지도 키워드** 시라이시 우동

중국채관 렌게 中国菜館 蓮花

오즈에서 평판이 좋은 중식 레스토랑으로, 깔끔하고 안정적인 맛의 중국요리를 맛볼 수 있다. 메뉴는 볶음, 탕, 면, 밥류 등 다채롭게 구성되어 있으며, 특히 마파두부, 탕수육, 볶음 요리의 완성도가 높다는 평가가 많다. 지나치게 짜거나 느끼하지 않고, 전반적으로 간이 잘 조절되어 있어 누구와 함께 방문해도 부담 없이 즐길 수 있다. 돈가스와 라면 등 다양한 메뉴를 판매하며, 양도 넉넉하여 한 끼 식사로 충분하다. 세트 메뉴와 런치 구성이 다양해 효율적인 식사를 즐길 수 있다.

주소 愛媛県大洲市中村219-1 **전화** 0893-24-1273 **운영** 11:00~15:00, 17:00~21:00, 월요일 휴무 **가는 방법** JR 이요오즈역(伊予大洲駅)에서 도보 2분 **발음** 주고쿠 사이칸 렌게 **지도 키워드** 중국채관 렌게

+PLUS AREA
우와지마 宇和島

신선한 해산물과 도미 요리로 유명한 시코쿠 남서부의 도시. 바다와 성곽이 어우러진 차분한 풍경이 인상적이다. 다테 가문의 흔적이 곳곳에 남아 역사적 깊이를 더한다.

마쓰야마에서 우와지마 가는 법

JR 마쓰야마역(松山)에서 특급 '우와카이(宇和海)'를 타면 약 1시간 10~20분 정도 소요되며, 보통열차를 이용할 때는 2시간가량 걸린다. 특급은 운행 횟수도 비교적 많아 당일치기 일정에도 무리가 없다. 우와지마역에 도착하면 우와지마성까지는 도보 약 20분, 버스를 이용하면 10분 남짓이면 닿는다.

우와지마성 宇和島城

우와지마시 중심부를 굽어보는 작은 산 위에 자리 잡은 성으로, 일본 전국에서도 보기 드물게에도 시대의 천수각이 원형 그대로 보존되어 있다. 일본에 현존하는 천수각이 단 12곳뿐이라는 점을 상기하면, 이 성의 가치와 희소성이 더욱 뚜렷하게 느껴진다. 산에 자리해 다소 힘든 오르막길을 올라야 하지만, 정상에서 마주하는 바다 풍경은 그 모든 수고를 잊게 할 만큼 아름답다. 천수각은 웅장하거나 화려하지는 않지만, 단아하고 균형 잡힌 아름다움을 뽐낸다. 유명한 여느 성들과 달리 장식적인 과시를 지양하고, 실용성과 방어, 미학의 균형을 갖춰 에도 초기 성곽의 전형을 보여준다. 천수각으로 향하는 입구에는 이곳의 명물인 도미덮밥(타이메시)을 맛볼 수 있는 식당이 자리한다.

주소 愛媛県宇和島市丸之内1-127 **전화** 0895-22-2832 **홈페이지** www.city.uwajima.ehime.jp/site/uwajima-jo/ujouannnai3.html **운영** [천수각] 4~9월 09:00~17:00, 10~3월 09:00~16:00 **요금** 성인 ¥200, 초등·중학생 ¥100 **가는 방법** JR 우와지마역(宇和島駅)에서 도보 20분 **발음** 우와지마조 **지도 키워드** 우와지마성

텐샤엔 天赦園

시내 중심부에 자리 잡은 국가 지정 명승지로, 제 7대 우와지마 번주인 다테 무네타다가 은거하기 위해 조성한 정원이다. 우와지마성이 보이는 곳에 자리하며, 다테 가문을 상징하는 여러 종류의 대나무와 등나무, 꽃창포 등 사계절 내내 다채로운 꽃들이 조화롭게 어우러져 있다. 드넓은 연못을 중심으로 조성된 정원은 전통 가옥과 어우러져 한층 아름다운 분위기를 연출한다. 비교적 조용하고 한적한 분위기 속에서 여유롭게 산책을 즐길 수 있으며, 인근에 우와지마 시립 다테박물관이 있다.

주소 愛媛県宇和島市天赦公園 **전화** 0895-22-0056 **홈페이지** www.pikara.ne.jp/off-date/garden.html **운영** 4~6월 08:30~17:00, 7~3월 08:30~16:30, 연말연시(12/28~1/1) 휴관 **요금** 성인 ¥500, 고등학생·노인(65세 이상) ¥300, 중학생 ¥200, 초등학생 ¥100 **가는 방법** JR 우와지마역(宇和島駅)에서 도보 20분 **발음** 텐샤엔 **지도 키워드** 텐샤엔

우와지마 시립 다테박물관 宇和島市立伊達博物館

우와지마를 통치했던 다테 가문의 유물과 문화를 심도 있게 전시하는 박물관이다. 전란기 이후 지역과 함께 정착하며 형성된 무가 문화, 공예, 의례, 생활양식을 체계적으로 정리해두어, 단순한 무사 전시를 넘어 '영주 가문이 지역과 맺은 관계'를 심도 있게 파악할 수 있다. 갑옷과 무구류는 물론 의복, 혼례 도구, 미술품 등을 다채롭게 전시해 지역사와 권력사, 생활사를 한눈에 조망할 수 있다.

주소 愛媛県宇和島市御殿町9-14 **전화** 0895-22-7776 **홈페이지** www.city.uwajima.ehime.jp/site/datehaku-top **운영** 09:00~17:00(마지막 입장 16:30), 연말연시(12/29~1/3), 화요일 휴관 **요금** 성인 ¥500, 대학생·고등학생 ¥400 **가는 방법** JR 우와지마역(宇和島駅)에서 도보 20분 **발음** 우와지마 시리츠 다테 하쿠부츠칸 **지도 키워드** 우와지마 시립 다테 박물관

카이센 갓포 잇신 海鮮割烹 一心

우와지마성 입구에 자리한 해산물 식당이다. 인근 해역에서 갓 잡은 해산물로 신선한 생선 요리를 선보인다. 우와지마식 도미덮밥(타이메시)을 비롯해 사시미 등 다채로운 해산물 요리를 한자리에서 맛볼 수 있다. 걸쭉한 육수에 도미 살과 계란을 섞어 먹는 타이메시는 마쓰야마의 다른 식당보다 양이 푸짐하고 신선함에서 큰 차이를 보인다. 다찌석에 앉으면 요리사가 직접 생선을 손질하는 모습도 볼 수 있다.

주소 愛媛県宇和島市丸之内1-3-2 **전화** 0895-24-6698 **홈페이지** www.issin-uwajima.sakura.ne.jp **운영** 11:00~14:00, 17:00~21:30 **가는 방법** JR 우와지마역(宇和島)에서 도보 20분 **발음** 카이센 캇포 잇신 **지도 키워드** isshin cuisine uwajima

RESTAURANT
마쓰야마의 식당

마쓰야마 타이메시 아키요시 본점
松山 鯛めし 秋嘉 本店

이곳은 마쓰야마를 대표하는 전통 타이메시(鯛め
し, 도미밥) 전문 식당이다. '타이메시'는 밥 위에 신
선한 도미와 양념을 얹거나, 도미로 우려낸 육수에
밥을 비벼 먹는 지역 특산 요리로, 에히메에서는 오
래전부터 현지 미식으로서 사랑받아왔다. 아키요
시 본점은 현지인 사이에서도 정평이 난 곳으로, 도
미 특유의 신선한 단맛과 적절한 간이 밥에 잘 스며들어 있
는 것이 특징이다. 도미덮밥 외에 제철 생선과 계절 식재료
를 활용한 다채로운 반찬이 함께 제공되어, 균형 잡힌 한 끼
식사를 즐길 수 있다. 가게 내부는 일본 전통 식당의 분위기
를 유지하면서도 깔끔하게 정돈되어 있어 현지 가족 단위 손
님은 물론 여행객도 편안하게 이용할 수 있다. 오카이도에서 마쓰야마성 로프웨이로 향하는 길목에
있어 찾아가기 쉽다.

지도 P.148-C1 ▶ **주소** 愛媛県松山市大街道3丁目5-1 **전화** 089-909-7652 **홈페이지** w-harmony.jp/shop/
akiyoshi **운영** 11:00~15:00(마지막 주문 14:30), 17:30~20:30(마지막 주문 20:00), 화요일 휴무 **가는 방법** 트램 오
카이도(大街道) 정류장 하차 후 도보 3분 **발음** 마쓰야마 타이메시 아키요시 혼텐

애송정 愛松亭

반스이소 옆 숲속에 자리한 카페로, 대문호 나쓰메
소세키가 영어 교사로 부임했을 당시 하숙했던 곳이
다. 숲 한가운데 자리 잡은 전통 가옥이 고즈넉한 분
위기를 자아낸다. 메뉴는 커피, 차, 디저트류 중심으
로 구성되어 있고, 가벼운 휴식과 담소를 즐기기에
적합하다. 관광객은 물론 지역 주민도 즐겨 찾아 비
교적 차분한 분위기 속에서 이용할 수 있다. 반스이
소와 이어진 역사적 맥락과 나쓰메 소세키 관련 장소
를 함께 경험하고 싶을 때 방문하기 좋은 카페다.

지도 P.148-C1 ▶ **주소** 愛媛県松山市一番町3丁目3-7 **전화**
089-993-7500 **홈페이지** www.bansuisou.org/aishotei
운영 10:30~17:30(마지막 주문 17:00), 월·목요일 휴무 **가는**
방법 트램 오카이도(大街道) 정류장 하차 후 도보 5분 **발음** 아
이쇼테이

스시마루 본점 すし丸 本店

마쓰야마 시내에서 오랜 역사를 자랑하는 스시 전문점으로, 세토내해에서 갓 잡아 올린 신선한 생선을 주재료로 사용하는 것이 특징이다. 특히 지역색이 뚜렷한 도미(鯛)를 활용한 스시와 더불어 현지 어종을 다채롭게 맛볼 수 있어, 여행 중 '마쓰야마다운 스시'를 경험하기에 제격이다. 카운터석과 테이블석을 갖춰 혼자 방문하기도, 일행과 함께 이용하기도 편하다. 셰프가 바로 앞에서 만들어 주는 정통 스타일 스시부터 다채로운 세트 구성까지 선택의 폭이 넓어, 예산과 식사 스타일에 따라 고르면 된다. 점심에는 합리적인 가격대로 선보이는 메뉴를 즐길 수도 있으니 참고하자. 마쓰야마 시내 중심부에 있어 접근성도 뛰어나다.

지도 P.148-C2 ▶ **주소** 愛媛県松山市二番町2-3-2 **전화** 089-941-0447 **홈페이지** sushimaru.co.jp **운영** 월~금요일 11:00~14:00,16:30~22:30, 토·일요일·공휴일 11:00~22:30 **가는 방법** 트램 오카이도(大街道) 정류장 하차 후 도보 5분 **발음** 스시마루 혼텐

부타카츠센몬 톤톤 豚かつ専門 とんとん

마쓰야마의 이름난 돈가스 맛집으로, 두툼한 고기를 바삭하게 튀겨내는 것이 특징이다. 고기 품질이 우수하고 육즙이 풍부하여 씹는 즐거움이 남다르며, 튀김옷은 지나치게 두껍지 않아 뒷맛이 개운하다. 히레(안심)카츠와 로스(등심)카츠를 기본으로 하여 정식 구성, 토핑이나 카레를 추가하는 조합 등 선택의 폭이 넓어 식사를 다채롭게 즐길 수 있다. 가게 내부는 캐주얼하면서도 깔끔하게 정돈된 분위기여서 혼자 식사하기에도 좋고 가족 단위 방문객에게도 안성맞춤이다. 밥과 양배추 리필 서비스 등 만족도를 높이는 요소가 많아 여행 중 질 좋은 돈가스로 든든한 한 끼를 즐기고 싶을 때 가기 좋은 식당이다.

지도 P.148-C1 ▶ **주소** 愛媛県松山市大街道3-1-1 **전화** 089-931-4700 **홈페이지** www.kadoya-taimeshi.com/kadoyamanage/shoplist/tonkatsusenmontonton/ **운영** 11:00~15:00(마지막 주문 14:30), 17:00~21:30(마지막 주문 21:00) **가는 방법** 트램 오카이도(大街道) 정류장 하차 후 도보 1분 **발음** 부타카츠센몬 톤톤

듀엣또 시에키마에점 でゅえっと 市駅前店

마쓰야마의 명물인 옛날식 스파게티 전문점으로, 푸짐한 나폴리탄 스파게티로 특히 유명하다. 굵은 면과 토마토케첩을 베이스로 한 소스를 사용한 정통 일본식 스타일로, 버터 향과 단맛, 짠맛의 조화가 훌륭하다. 미트소스나 카레소스 조합 등 다양한 메뉴를 선택할 수 있어 골라 먹는 재미가 있다. 마쓰야마역 근처라 접근성이 좋을 뿐 아니라, 캐주얼한 분위기의 식당 내부는 혼자서 식사하거나 여행 중 간단히 한 끼를 해결하기에도 안성맞춤이다. 든든한 식사를 원하거나 마쓰야마에서 일본식 스파게티를 맛보고 싶다면 방문해볼 만하다.

지도 P.148-B2 ▶ 주소 愛媛県松山市湊町5丁目2-1 전화 089-945-7683 운영 11:00~15:30, 17:00~21:30(마지막 주문 21:00) 가는 방법 트램 마쓰야마시(松山市) 정류장에서 하차 발음 듀엣또 시에키마에텐

소바키치 오카이도점

そば吉 大街道店

오카이도에 자리한 소바 전문점이다. 메밀 향이 잘 살아 있는 온소바·자루소바를 기본으로, 튀김·고기·달걀 조합 등 다양한 메뉴가 준비되어 있어 취향에 맞추기 쉽다. 튀김 상태가 훌륭하고 국물 간도 과하지 않아 만족도가 높은 편이다. 정식, 세트 메뉴 등 선택 폭이 넓어 든든하게 한 끼 식사를 즐기기에 좋으며, 혼자서 식사하기에도 불편함 없는 좌석 배치 덕분에 여행객들의 발길이 잦다. 가격대도 합리적이고 회전율이 좋아 대기 시간이 길지 않다는 점도 장점이다. 마쓰야마 시내에서 부담 없이 즐길 수 있는 소바 맛집을 찾는다면 좋은 선택이 될 것이다.

지도 P.148-C2 ▶ 주소 愛媛県松山市大街道2丁目3-2 전화 089-931-1143 홈페이지 sobakichi.jp 운영 11:00~21:00, 화요일 휴무 가는 방법 트램 오카이도(大街道) 정류장 하차 후 도보 3분 발음 소바키치 오카이도텐

고토리 ことり

마쓰야마를 대표하는 나베야키우동(鍋焼きうどん) 전문 노포로, 1949년 창업 이래 현지인은 물론 여행객들에게 꾸준한 사랑을 받는 명소다. 알루미늄 냄비에 담겨 나오는 전통 나베우동은 이 집의 상징과도 같으며, 달콤한 간장 베이스의 국물과 부드러운 면발, 계란·어묵·튀김 고명의 조화가 일품이다. 간이 세지 않아 부담 없이 즐길 수 있어, '마쓰야마에 가면 꼭 먹어야 할 음식'으로 손꼽힌다. 칼칼한 맛 덕분에 전날 숙취 해소를 위해 찾는 한국인 여행객도 많다. 가게 규모는 크지 않지만 회전이 빠른 편이고, 혼자 식사하기에도 부담 없다. 오픈 시간부터 손님이 몰릴 정도로 인기가 많으니 대기 가능성은 염두에 두는 것이 좋다. 준비된 수량이 모두 소진되면 가게 문을 닫으므로 되도록 일찍 방문하자.

지도 P.148-C2 **주소** 愛媛県松山市湊町3丁目7-2 **전화** 089-921-3003 **운영** 10:00~14:00(재료 소진 시 조기 마감), 수요일 휴무 **가는 방법** 트램 오카이도(大街道) 또는 마쓰야마시(松山市) 정류장에서 도보 10분 **발음** 고토리

아사히 アサヒ

마쓰야마에서 고토리와 함께 자주 거론되는 나베야키우동(냄비우동) 맛집이다. 오래전 지역 노점에서 시작한 만큼 현지인 손님이 많고, 관광객 또한 많이 찾는다. 알루미늄 냄비에 담겨 나오는 클래식한 스타일의 나베야키우동이 대표 메뉴이며, 살짝 달콤한 간장 국물, 부드러운 면, 계란·어묵·튀김 고명이 잘 어우러진다. 전반적으로 간이 안정되어 있고 먹기 좋아 남녀노소 즐겨 찾는다. 가게 규모가 크지 않아 대기해야 할 때도 있지만 회전율은 빠른 편이다. 혼자 방문해도 부담 없이 식사하기 좋은 분위기이며, 가볍지만 확실하게 '마쓰야마식 나베야키우동'을 경험할 수 있는 곳으로 평가받는다.

지도 P.148-C2 **주소** 愛媛県松山市湊町3丁目10-11 **전화** 089-921-6470 **운영** 10:00~15:30(재료 소진 시 조기 마감), 화·수요일 휴무 **가는 방법** 트램 오카이도(大街道) 또는 마쓰야마시(松山市) 정류장에서 도보 10분 **발음** 아사히

야키니쿠식당 엔조
마쓰야마에키마에점

焼肉食堂 炎蔵 松山市駅前店

마쓰야마시역(松山市駅) 인근에
자리 잡은 캐주얼 스타일의 야키
니쿠 식당이다. 정식 형태의 고기
세트뿐만 아니라 덮밥류, 단품 고
기 메뉴까지 구성이 다양하다. 가격대도 선택 폭이 넓어 가벼운 식사부터 든든한 고기 식사까지 모두
만족할 수 있다. 인기 메뉴는 단연 무한대로 즐길 수 있는 무한 리필 코스로, 야키니쿠의 모든 메뉴와
밥, 음료를 배부를 때까지 마음껏 맛볼 수 있다. 런치 코스는 조금 더 저렴하다. 실내는 깔끔하며 회전
율도 빠른 편이어서 여행 일정 중에도 부담 없이 이용할 수 있다. 늦은 시간까지 영업하므로 저녁 식
사 장소로 활용하기 좋으며, 예약 없이도 안정적으로 고기 식사를 즐기고 싶을 때 기억해두면 좋을
것이다.

지도 P.148-B2 **주소** 愛媛県松山市湊町5丁目4-8 **전화** 089-909-4888 **운영** 11:00~20:00 **가는 방법** 트램 마쓰야
마시(松山市) 정류장에서 하차 **발음** 야키니쿠 쇼쿠도 엔조 마츠야마에키마에텐

마쓰야마 가리비 돈코츠 라멘 잇세이 まつやま帆立豚骨ラーメン 一誠

이름에서 알 수 있듯이 가리비와 돼지 뼈〈돈코츠〉를
함께 사용하여 국물을 낸다는 점이 특징인 라멘집이
다. 진한 돈코츠 육수에 가리비 특유의 감칠맛과 해산
물 향을 더하여, 풍부하면서도 어느 한쪽으로 치우치
지 않는 균형 잡힌 맛을 추구한다. 육수가 지나치게 무
겁지 않으면서도 깊은 풍미가 느껴져 일본식 진한 라
멘과 해산물의 조화로운 풍미를 경험할 수 있다. 면은
비교적 탄력 있는 종류를 사용하며, 차슈나 가리비 등
다양한 토핑을 조합해 취향에 맞게 조절할 수 있다. 밥
류나 간단한 사이드 메뉴를 추가해 함께 즐기기도 좋
다. 깔끔하고 편안한 분위기의 라멘 가게이므로 혼자 방문하기에도 부담이 없다. 마쓰야마에서 색다
른 라멘을 맛보고 싶거나 해산물 풍미가 진한 국물을 찾는다면 방문해볼 가치가 있다.

지도 P.148-C2 **주소** 愛媛県松山市大街道2-2-7 **전화** 089-968-2033 **운영** 11:00~15:00, 18:30~01:00 **가는 방법**
트램 오카이도(大街道) 정류장 하차 후 도보 5분 **발음** 마츠야마 호타테 톤코츠 라멘 잇세이

가도야 오카이도점 かどや 大街道店

에히메 지역의 향토 요리 전문 식당이다. 특히 우와지마식 타이메시(宇和島鯛めし)로 명성이 높은데, 그 특징은 신선한 도미회에 특제 간장과 달걀을 풀어 밥에 비벼 먹는 데 있다. 밥 위에 올려 바로 비벼 먹으므로 도미의 식감과 양념의 감칠맛을 더욱 선명하게 느낄 수 있다. 그 밖에도 자고텐(じゃこ天) 등 지역 생선 요리와 제철 재료를 활용한 다채로운 메뉴 구성이 돋보여 여행객이 지역 요리의 매력을 만끽하기에 충분하다. 오카이도 중심 상권에 자리해 접근성이 좋다.

지도 P.148-C1 ▸ **주소** 愛媛県松山市大街道3-1-1 **전화** 089-947-4600 **홈페이지** www.kadoya-taimeshi.com/kadoyamanage/shoplist/kadoyaokaido **운영** 11:00~14:30(마지막 주문 14:00), 17:00~22:00(마지막 주문 21:30) **가는 방법** 트램 오카이도(大街道) 정류장 하차 후 도보 1분 **발음** 가도야 오카이도텐

도고 이나리 유노야 도고 본점
道後いなり ゆのや 道後本店

도고온천 거리에 있는 이나리즈시(유부초밥) 전문점이다. 앙증맞은 크기로 먹기 좋은 한입 이나리가 특징이며, 기본 간장 맛은 물론 계란, 해물, 제철 재료를 활용한 다채로운 이나리가 준비되어 있어 고르는 재미를 더한다. 전반적으로 간이 과하지 않고 달콤함과 감칠맛이 균형을 이룬다. 테이크아웃으로 즐길 수 있어 온천 이용 전후에 간단한 간식이나 가벼운 식사 대용으로도 안성맞춤이다.

지도 P.149-B2 ▸ **주소** 愛媛県松山市道後湯之町3-10 **전화** 089-968-1340 **홈페이지** www.instagram.com/inari.yunoya **운영** 10:00~16:00(재료 소진 시 조기 마감), 목요일 휴무 **가는 방법** 트램 종점 도고온센(道後温泉) 정류장 하차 **발음** 도고 이나리 유노 도고혼텐

에히메의 식탁 1970 愛媛の食卓1970

도고온천 상점가 초입에 자리한 카페로, 귤 생
산량 전국 1위인 에히메현의 특색을 살려 귤을
테마로 운영한다. 이곳에서는 다채로운 풍미를 자랑하는 귤 품종 수십 종을 엄선하여 주스로 맛볼 수
있다. 매장에는 수도꼭지가 나란히 정렬되어 있으며, 각 수도꼭지 앞에는 당도, 산미, 품종의 특징 등
이 상세히 기재되어 있다. 작은 컵을 꽂을 수 있도록 제작된 판을 받아, 컵마다 각기 다른 귤주스를
선택한 후 계산을 마치고 자리에 앉아 음미하면 된다. 품종에 따라 맛이 천차만별이니, 신중하게 골
라보자.

지도 P.149-B1 ▶ 주소 愛媛県松山市道後湯之町12-30 전화 089-993-5281 홈페이지 w-harmony.jp/shop/
ehimenosyokutaku1970 운영 09:00~21:00 가는 방법 트램 종점 도고온센(道後温泉) 정류장 하차 발음 에히메노
쇼쿠타쿠 이치큐나나제로

도고맥주관 道後麦酒館

도고온천 거리에 자리하여 도고 지역의 수제 맥주를 부담 없이 즐길 수 있는 맥주 레스토랑이다. 라
거, 에일, 기네스풍 흑맥주 등 다채로운 스타일의 맥주를 갖추어, 맥주 시음 세트(비어 플라이트)로
여러 맛을 비교하며 즐기기에 좋다. 병맥주와 기념품도 판매하니 선물용으로 구입해도 좋다. 메뉴는
맥주와 잘 어울리는 소시지, 튀김류부터 에히메 지역 식재료를 사용한 요리까지 다양하게 준비되어
있다. 야외에도 좌석이 있어 산책 중 잠시 들러 맥주 한 잔을 즐기거나 식사를 하기에도 좋다. 도고온
천 근처에서 온천욕과 함께 미식을 즐기기에 안성맞춤인 곳이다.

지도 P.149-C1 ▶ 주소 愛媛県松山
市道後湯之町20-13 전화 089-945-
6866 홈페이지 www.dogobeer.
jp 운영 12:00~20:30, 수요일 휴무
가는 방법 트램 종점 도고온센(道後
温泉) 정류장 하차 후 도보 7분 발음
도고바쿠슈칸

쓰보야 과자점 つぼや菓子舗

마쓰야마 명물인 봇짱당고(坊っちゃ
ん団子)의 원조로 널리 알려진 전통
화과자점이다. 녹두, 팥, 말차를 사용
하여 다채로운 색을 낸 작은 경단이 꼬
치에 꽂혀 있는 것이 특징이며, 지나치게 달지 않다. 은은한 단맛과 부드러운 식감 덕분에 현지인은
물론 관광객에게도 인기가 많다. 포장이 깔끔하여 기념품으로 구매하기 좋고, 테이크아웃하여 바로
맛보기에도 부담이 없다.

지도 P.149-B1 ▶ **주소** 愛媛県松山市道後湯之町14-23 **전화** 089-921-2227 **홈페이지** tsuboya-kashiho.com **운영** 09:30~18:00, 화요일 휴무 **가는 방법** 트램 종점 도고온센(道後温泉) 정류장 하차 후 도보 5분 **발음** 츠보야 카시호

다니모토 가마보코텐 마쓰야마 도고점
谷本蒲鉾店 松山道後店

1916년 창업 이래로 도고온천 본관 곁
을 굳건히 지켜온 가마보코(어묵) 전
문점이다. 갓 튀겨낸 자코텐(생선을 갈아 만든 어묵)을 맛보려
는 손님들로 늘 문전성시를 이룬다. 생선 살 반죽에 다채로운
재료를 더하여 갓 튀겨낸 후 따뜻하게 제공하는 스타일 덕분
에, 식감이 매우 부드럽고 풍미도 뚜렷하다. 기본 어묵은 물론

치즈, 해산물, 채소 등 다양한 재료를 넣은 메뉴가 준비되어 있
어, 취향에 따라 골라 먹는 재미가 쏠쏠하다. 테이크아웃 중심으로 운영된다.

지도 P.149-C1 ▶ **주소** 愛媛県松山市道後湯之町20 **전화** 089-933-3032 **홈페이지** tanimotokamabokoten.com **운영** 09:00~18:00(토요일 ~20:00), 수요일 휴무 **가는 방법** 트램 종점 도고온센(道後温泉) 정류장 하차 후 도보 7분 **발음** 다니모토가마보코텐

로쿠지야 도고점
六時屋 道後店

마쓰야마 명물인 타르트(タルト; 롤케
이크 스타일의 전통 과자)를 대표 상
품으로 판매하는 유명 과자점이다. 스
펀지케이크처럼 부드러운 반죽 안에 팥앙금을 넣어 독특한 형태를 자랑하며, 지나치게 달지 않은 맛
과 깔끔한 식감 덕분에 기념품으로 많은 사랑을 받는다. 도고온천 거리에 인접해 접근성이 좋고, 다
양한 크기와 포장으로 판매하니 여행 일정과 목적에 따라 선택하면 된다.

지도 P.149-B1 ▶ **주소** 愛媛県松山市道後湯之町1-23 **전화** 089-947-0147 **홈페이지** matsuyama-shotengai.com/shop/d0_s022 **운영** 09:00~18:00 **가는 방법** 트램 종점 도고온센(道後温泉) 정류장 하차 후 도보 5분 **발음** 로쿠지야

SHOPPING
마쓰야마의 쇼핑

돈키호테 마쓰야마 오카이도점
ドン・キホーテ 松山大街道店

마쓰야마 중심 상점가인 오카이도 아케이드에 자리 잡은 할인 스토어라, 접근성이 좋다. 식품, 과자, 주류, 화장품, 의약품, 생활용품, 가전제품, 캐릭터 상품 등 품목이 다채롭고, 가격대도 다양해서 여행 중에 필요한 물품과 기념품을 한꺼번에 장만하기 좋다. 늦은 시각까지 영업하므로 여행 일정 막바지에 방문하기 좋고, 면세 혜택과 외국인 관광객 안내 서비스도 잘되어 있다. 간단한 구경거리, 알뜰 쇼핑, 갑작스러운 생활용품 구매 등 여러모로 쓸모가 많은 매장이다.

`지도 P.148-C2` **주소** 愛媛県松山市三番町2丁目3-7 **전화** 0570-007-411 **홈페이지** www.donki.com **운영** 09:00~02:00 **가는 방법** 트램 오카이도(大街道) 정류장 하차 후 도보 10분 **발음** 돈키호테 마츠야마 오카이도텐

에히메 과실구락부 미칸노키
えひめ果実倶楽部みかんの木

에히메 특산 감귤을 주재료로 한 디저트·선물 전문점이다. 신선한 감귤을 활용한 케이크, 젤리, 푸딩, 아이스크림, 주스 등 제품 구성이 다채로우며, 시즌에 따라 한정 상품도 선보인다. 도고온천 상점가에 자리하여 방문하기 쉽다. 매장은 밝고 깔끔한 과일 디저트 숍 분위기를 자아내며, 테이크아웃은 물론 일부 상품은 매장에서 바로 즐기기에도 좋다. 포장 상품이 깔끔하게 정리되어 있어 기념품으로 구매하기 좋으며, 여행 중 감귤 디저트를 맛보기에도 안성맞춤인 곳이다.

`지도 P.149-B1` **주소** 愛媛県松山市大街道3丁目5-3 **전화** 089-998-1800 **홈페이지** mikan-no-ki.com **운영** 10:00~18:00 **가는 방법** 트램 이용 종점 도고온천역(道後温泉) 하차 도보 5분 **발음** 에히메 카지츠 쿠라부 미칸노키

미쓰코시 마쓰야마점 **松山三越**

오카이도 상점가 인근에 자리한 백화점이다. 지하 식품관에서 디저트, 도시락은 물론 지역 특산품까지 한자리에서 둘러볼 수 있으며, 선물용으로 적합한 화과자나 쿠키류를 판매하는 매장들이 다양하게 입점해 있다. 패션, 잡화, 화장품 매장이 층별로 잘 배치되어 쇼핑 동선이 편리하며, 건물 내에는 카페와 레스토랑도 있다. 시내 중심에 있어 다른 관광 코스와 연계하기도 좋고, 쾌적하고 안정적인 실내 환경에서 여유롭게 쇼핑을 즐길 수 있다.

`지도 P.148-C2` **주소** 愛媛県松山市一番町3-1-1 **전화** 089-945-3111 **홈페이지** www.mitsukoshi.mistore.jp/matsuyama.html **운영** 10:00~19:00, 푸드홀 11:00~21:00 **가는 방법** 트램 오카이도(大街道) 정류장 하차 **발음** 미츠코시 마츠야마텐

텐 팩토리 10 FACTORY

에히메현의 감귤을 콘셉트로 한 스페셜티 감귤 브랜드 숍이다. 주스, 잼, 젤리, 말린 과일, 과자류 등 다채로운 감귤 관련 제품을 만나볼 수 있다. 산지와 품종이 다른 감귤주스를 시음, 비교하며 고를 수 있으며, 병 디자인과 패키지 또한 정갈하여 기념품으로 많이 찾는다. 매장은 밝고 깔끔한 카페형 구조를 갖추어 테이크아웃 음료는 물론 감귤 스위츠 또한 바로 즐길 수 있다. '에히메의 감귤'을 테마로 한 다양한 제품을 한자리에서 체험하고 구매할 수 있는 공간이기에, 마쓰야마 시내 관광 동선에 포함하기에도 좋다.

[마쓰야마 본점 松山本店] 지도 P.148-C1 ▶ 주소 愛媛県松山市大街道3-2-25 전화 089-968-2031 운영 09:30~18:00 가는 방법 트램 오카이도(大街道) 정류장 하차 후 도보 3분 발음 텐 팩토리 마츠야마혼텐

[도고점 道後店] 지도 P.149-B2 ▶ 주소 愛媛県松山市道後湯之町12-34 전화 089-997-7810 운영 09:00~21:00 가는 방법 트램 종점 도고온센(道後温泉) 정류장 하차 후 도보 3분 발음 텐 팩토리 도고텐

오카이도 상점가 大街道 商店街

마쓰야마 시내 중심부를 관통하는 대표적인 아케이드 거리. 교통 요충지로서 대부분의 전차와 버스가 이곳을 거쳐 간다. 지붕이 설치되어 날씨에 구애받지 않고 쾌적하게 거닐 수 있으며, 길게 뻗은 거리 양옆으로는 패션, 잡화, 생활용품 가게, 카페, 음식점, 기념품 상점 등이 조화롭게 들어서 있다. 입구에는 맥도날드를 비롯하여 돈키호테, 대형 드러그스토어, 로컬 음식점까지 즐비해 쇼핑과 식사를 한 번에 해결하기에 좋다. 더불어 도고온천과 마쓰야마 성으로 이어지는 동선이 편리하여 여행 중 한 번쯤 방문하기 좋은 코스이며, 밤에도 활기찬 분위기 속에서 산책하듯 가볍게 둘러볼 수 있다. 마쓰야마에서 가장 많은 사람이 찾는 거리이자 대표적인 번화가이다.

지도 P.148-C2 ▶ 주소 愛媛県松山市大街道1丁目·2丁目 전화 089-931-7473 홈페이지 okaido.jp 운영 상점마다 다름 가는 방법 트램 오카이도(大街道) 정류장 하차 발음 오카이도 쇼텐가이

이요테쓰 다카시마야 いよてつ高島屋

마쓰야마시역(松山市駅) 바로 앞에 위치한 백화점이
다. 지하 식품관에는 도시락, 디저트, 지역 특산품 등
이 다채롭게 갖춰져 있으며, 상층부에는 패션, 잡화,
화장품 매장 등이 있다. 레스토랑과 카페 공간도 마련
되어 있어 식사도 편리하게 해결할 수 있다. 이곳의 상
징인 옥상 대형 관람차 '쿠루린(くるりん)'에 탑승하면

시내 전경을 한눈에 담을 수 있어 관광 명소로도 인기가 높다. 시내 중심을 이동하는 중에 쇼핑과 휴
식을 즐기기 좋은 거점 역할을 한다.

지도 P.148-B2 **주소** 愛媛県松山市湊町5丁目1-1 **전화** 089-948-2111 **홈페이지** www.iyotetsu-takashimaya.
co.jp **운영** 10:00~19:00 **가는 방법** 트램 마쓰야마시(松山市) 정류장에서 하차 **발음** 이요테쓰 다카시마야

긴텐가이 상점가 銀天街

마쓰야마 시내 중심부를 가로지르는 아케이드형 상점가로, 오카이도 상점가와 함께 시내 상권의 핵
심을 이룬다. 마쓰야마시역에서 오카이도 상점까지 자연스럽게 이어지며, 지붕이 있어 비가 오거나
무더운 날에도 걷기 좋다. 패션, 생활잡화, 드러그스토어, 카페, 음식점 등이 길게 늘어서 있고, 지역
상점과 전국 체인이 함께 있어 쇼핑과 식사를 한 번에 해결하기 좋다. 저녁 시간에도 비교적 활기
가 넘친다. 도고온천, 마쓰야마성, 시역 일대와 이동 동선이 연결되므로 여행 일정 중 자연스럽게 들
르기 좋다.

지도 P.148-C2 **주소** 愛媛県松山市湊町3丁目·4丁目 **전화** 089-998-3533 **홈페이지** gintengai.jp **운영** 가게마다
다름 **가는 방법** 트램 마쓰야마시(松山市) 정류장에서 하차 **발음** 긴텐가이 쇼텐가이

ACCOMODATION
다카마쓰·마쓰야마 숙소

시코쿠 여행의 거점 도시인 다카마쓰와 마쓰야마는 규모는 크지 않지만 숙박 선택지는 의외로 다양하다. 두 도시는 성격이 조금 다르기 때문에 숙소를 고르는 기준 또한 달라진다. 다카마쓰가 세토내해 섬 여행의 관문이자 교통 중심지라 하면 마쓰야마는 온천을 품은 전통적인 관광 도시다. 일정의 목적과 동선에 따라 숙소 위치를 전략적으로 정하는 것이 여행의 만족도를 크게 좌우한다.

다카마쓰 숙소

다카마쓰의 숙소는 크게 세 구역으로 나뉜다.

❶ 다카마쓰역과 다카마쓰항 주변

쇼도시마, 나오시마, 데시마 등 세토내해 섬으로 이동할 계획이라면 이 지역이 가장 편리하다. 기차역, 항구가 모두 도보권에 있어 이른 아침 페리를 타거나 늦은 시간 도착해도 이동 부담이 적다. 대형 비즈니스호텔과 체인 호텔이 밀집해 있으며, 가격 대비 객실 상태가 안정적이다.

❷ 가와라마치(瓦町) 일대

번화가이자 쇼핑과 식당이 모여 있는 중심지로, 저녁 시간을 즐기기에 좋다. 고토덴 환승역이 있어 교통 접근성도 우수하다. 비교적 합리적인 가격대의 비즈니스호텔과 중소 규모 호텔이 많고, 최근에는 감각적인 소형 호텔과 게스트하우스도 늘어나는 추세다.

❸ 도시 외곽지역

도심과 조금 떨어져 있지만 조용하고 차분한 분위기를 선호한다면 고려해볼 만하다. 대형 온천 호텔은 많지 않지만 소규모 료칸형 숙소가 일부 있다. 다카마쓰는 전반적으로 숙박 요금이 비교적 합리적이며, 주말과 성수기를 제외하면 1인 7,000~12,000엔 선에서 안정적인 선택이 가능하다. 직항편의 개설과 증편으로 날이 갈수록 한국인의 방문이 늘고 있어 평일에도 만실이 되는 경우가 부지기수다.

마쓰야마 숙소

마쓰야마는 숙소 선택의 기준이 명확하다. 도고 온천 지역에 머무를 것인지, 시내 중심에 머무를 것인지에 따라 분위기가 크게 달라진다.

❶ 도고온천(道後温泉) 일대

전통 료칸과 온천 호텔이 밀집한 지역이다. 유카타를 입고 온천 거리를 산책하는 분위기가 인상적이며, 1박 2식 포함이 일반적이다. 가격대는 다카마쓰보다 높은 편이지만, 온천 체험까지 고려하면 만족도가 높다. 일본식 다다미방에서 머무르며 온천과 가이세키 요리를 즐기고 싶다면 이 지역이 최적이다.

❷ 오카이도(大街道)와 마쓰야마시역 주변

현대적인 비즈니스호텔이 모여 있다. 상점가와 음식점 접근성이 뛰어나고, 트램 이동도 편리하다. 가격은 비교적 합리적이며, 당일치기 온천 방문 후 숙박은 시내에서 하는 방식도 충분히 가능하다. 마쓰야마는 전반적으로 관광 도시의 성격이 강해 성수기 요금 변동이 큰 편이다. 특히 벚꽃 시즌과 연휴에는 조기 예약이 필요하다.

일본의 숙박세

일본 여행을 준비하다 보면 '숙박세(宿泊税)'라는 항목을 접하게 된다. 숙박세는 호텔·료칸·게스트하우스 등 유상 숙박시설을 이용하는 여행객에게 1인 1박 기준으로 부과되는 지방세다. 관광객 증가로 인한 도시 관리 비용, 문화유산 보존, 관광 인프라 정비 재원을 마련하기 위해 도입된 제도다. 대표적으로 도쿄, 오사카, 교토 등 대도시에서는 숙박 요금 구간에 따라 100엔에서 1,000엔까지 차등 부과된다. 보통 체크아웃 시 별도 항목으로 청구되며, 영수증에는 '宿泊税(숙박세)'로 표시된다. 다만 2026년 기준으로 다카마쓰나 마쓰야마를 비롯한 시코쿠 전역에서 광역 차원의 숙박세를 일괄 부과하는 도시는 없다. 다만 예술섬 나오시마 등 숙소가 밀집한 가가와현 일부 지역은 관광 수요가 높아 정책 논의 대상이 되곤 한다.

> **Tip** 세토우치 국제예술제(트리엔날레) 기간 숙소 예약 팁
>
> 세토우치 국제예술제(트리엔날레)는 세토내해의 여러 섬과 항구 도시를 무대로 열리는 일본 대표 현대미술 축제다. 3년마다 봄·여름·가을 세 시즌에 걸쳐 개최되며, 자연과 예술을 결합한 대형 설치 작품들이 섬 곳곳에 전시된다. 행사 기간에는 다카마쓰를 중심으로 방문객이 크게 늘어나 숙소와 교통편 예약이 빠르게 마감되니, 미리 예약해 두어야 한다.

🏠 다카마쓰 숙소

로열 파크 호텔 다카마쓰
ロイヤルパークホテル高松

기차역, 쇼핑몰 등 접근성이 뛰어난 다카마쓰 시내 중심 가와라마치에 자리한 고급 비즈니스 호텔이다. 호텔 내부는 세련된 모던 클래식 스타일로 꾸며져 있으며, 채광 설계가 돋보이는 객실은 깨끗하고 정돈된 공간감을 자랑한다. 전 객실에는 쾌적한 수면을 보장하는 고급 침구가 마련되어 있으며, 도시 전체를 조망할 수 있는 탁 트인 전망도 인기를 끈다.

지도 P.146-B3 **주소** 香川県高松市瓦町1-3-11 **전화** 087-823-2222 **홈페이지** ryl.anabuki-enter.jp **체크인** 15:00 **체크아웃** 11:00 **요금** ¥18,000~ **가는 방법** 고토덴 가와라마치역(瓦町駅)에서 도보 5분 **발음** 로아루파아쿠호테루타카마쓰

도미 인 다카마쓰 **ドーミーイン高松**

시내 중심가에 자리 잡은 인기 체인 호텔이다. 번화가와 쇼핑 거리, 식당가가 밀집한 지역에 있어 낮에는 관광, 밤에는 현지 먹거리를 즐기기에 최적이다. 특히 도미 인의 시그니처라 할 수 있는 대욕장 온천 시설은 이 호텔의 가장 큰 매력. 하루의 피로를 풀어주는 따뜻한 온천탕과 사우나는 여행의 만족도를 한층 끌어올려 준다. 늦은 밤에 제공되는 무료 요나키 소바(밤 라면) 서비스도 색다른 즐거움이다.

지도 P.146-A3 **주소** 香川県高松市瓦町1-10-10 **전화** 087-832-5489 **홈페이지** dormy-hotels.com/dormyinn/hotels/takamatsu **체크인** 15:00 **체크아웃** 11:00 **요금** ¥8,500~ **가는 방법** 고토덴 가와라마치역(瓦町駅)에서 도보 5분 **발음** 도미인다카마쓰

다이와 로이넷 호텔 다카마쓰
ダイワロイネットホテル高松

편안함과 실용성을 겸비한 고급 비즈니스 호텔이다. 깔끔하고 현대적인 디자인을 바탕으로 절제되면서도 품격 있는 분위기를 자아낸다. 객실은 넉넉한 공간과 안정적인 조명, 고급 침구, 쾌적한 설비 덕분에 장시간 머물러도 피로가 덜해 편안하게 휴식을 누릴 수 있다. 24시간 운영되는 프런트를 비롯해 기본적인 편의시설과 비즈니스 지원 서비스가 잘 갖춰져 있으며, 주변 쇼핑 거리와 관광지로의 접근성도 우수하다.

지도 P.146-A3 **주소** 香川県高松市丸亀町8-23 **전화** 087-811-7855 **홈페이지** www.daiwaroynet.jp/takamatsu **체크인** 14:00 **체크아웃** 11:00 **요금** ¥10,000~ **가는 방법** 고토덴 가와라마치역(瓦町駅)에서 7분 **발음** 다이와 로이넷토호테루다카마쓰

컴포트 호텔 다카마쓰
コンフォートホテル高松

합리적인 가격과 안정적인 서비스로, 실용성과 편리성을 중시하는 여행객에게 안성맞춤인 숙

소다. JR 다카마쓰역과 상업 지구에 인접해 관광과 비즈니스 모두를 아우르는 최적의 거점이라 할 수 있다. 객실은 불필요한 장식을 배제하고 기능성을 중심으로 설계되었다. 기본적인 편의 기능은 물론 가성비 좋은 무료 조식 서비스까지 제공된다.

지도 P.146-A4 **주소** 香川県高松市中新町2-10 **전화** 087-861-8411 **홈페이지** www.choice-hotels.jp/hotel/takamatsu **체크인** 15:00 **체크아웃** 10:00 **요금** ¥8,000~ **가는 방법** 고토덴 가와라마치역(瓦町駅)에서 도보 8분 **발음** 콘포토호테루다카마쓰

위베이스 다카마쓰 **WeBase 高松**

젊은 감성과 여행의 자유로움을 담아낸 호텔이다. 단순한 숙박 공간을 넘어 여행 중 자연스럽게 머물며 심신의 여유를 찾을 수 있는 '쉼터'와 같은 분위기를 선사하는 것이 특징이다. 공용 라운지와 커뮤니티 공간이 잘 조성되어 여행객들이 자연스레 교류할 수 있다는 점도 위베이스만의 매력이다. 무료 Wi-Fi, 셀프 세탁실, 친절한 서비스 등 기본적인 편의 기능은 물론, 합리적인 숙박 요금까지 갖춰 가성비 좋은 숙소로 정평이 나 있다.

지도 P.146-B3 **주소** 香川県高松市瓦町1-2-3 **전화** 087-813-4411 **홈페이지** we-base.jp/takamatsu/ **체크인** 15:00 **체크아웃** 11:00 **요금** ¥7,000~ **가는 방법** 고토덴 가와라마치역(瓦町駅)에서 도보 6분 **발음** 위베이스다카마쓰

토요코인 다카마쓰 효고마치 **東横INN高松兵庫町**

다카마쓰 시내 중심부에 자리해 이동이 편리하며, 쇼핑가와 식당가가 가까이 있어 더없이 좋은 거점 호텔이다. 오래도록 머물기보다는 '편안히 쉬고 다음 여정을 향하는' 일본식 표준 비즈니스 호텔의 장점을 고스란히 담고 있다. 체인 호텔답게 효율적이고 일관성 있는 서비스를 제공한다. 무료 Wi-Fi, 셀프 세탁 시설, 기본 어메니티가 잘 구비되어 있으며, 부담 없이 즐길 수 있는 간단한 조식 서비스도 제공된다.

지도 P.146-A1 **주소** 香川県高松市兵庫町3-1 **전화** 087-821-1045 **홈페이지** www.toyoko-inn.com/search/detail/00130 **체크인** 15:00 **체크아웃** 10:00 **요금** ¥7,980~ **가는 방법** JR 다카마쓰역(高松駅)에서 도보 8분 **발음** 토요코인 다카마쓰 효고마치

다카마쓰 토큐 레이 호텔 **高松東急REIホテル**

다카마쓰 도심 중심에 자리한 호텔이다. 객실은 깔끔한 침구와 안정된 방음, 정돈된 시설이 돋보인다. 불필요한 요소를 없앤 실용적인 구조에 편안한 색감과 조명을 더해 장기간 투숙해도 불편함 없는 쾌적함을 선사한다. 24시간 프런트를 운영하며, 기본적인 편의시설도 잘 갖춰져 있다. 호텔 정문을 나서자마자 효고마치 상점가로 이어진다.

지도 P.146-A1 **주소** 香川県高松市兵庫町9-9 **전화** 087-821-0109 **홈페이지** www.tokyuhotels.co.jp/takamatsu-r/index.html **체크인** 15:00 **체크아웃** 10:00 **요금** ¥9,000~ **가는 방법** JR 다카마쓰역(高松駅)에서 도보 9분 **발음** 다카마쓰토큐레이호테루

JR호텔 클레멘트 다카마쓰 **JRホテルクレメント 高松**

JR 다카마쓰역 바로 앞에 자리해 접근성이 뛰어난 호텔이다. 품격 있는 시설을 갖춰 대표적인 시그니처 호텔로 꼽힌다. 철도, 페리, 버스 등 교통의 요지에 위치하여 시코쿠 여행의 거점으로 삼기에 안성맞춤이며, 다카마쓰항과 시내로 이동 하기도 매우 수월하다. 창밖으로 펼쳐지는 다카마쓰 시내와 바다의 조화로운 풍경은 이 호텔의 가장 큰 매력이다. 대형 호텔답게 옥상 대형 욕장은 물론, 레스토랑, 카페, 바, 연회장 등 다양한 시설이 완비되어 있다.

지도 P.145-A1 **주소** 香川県高松市浜ノ町1-1 **전화** 087-811-1111 **홈페이지** www.jrclement.co.jp/takamatsu **체크인** 14:00 **체크아웃** 12:00 **요금** ¥11,000~ **가는 방법** JR 다카마쓰역(高松駅)에서 도보 1분 **발음** 제이아르호테루클레멘트다카마쓰

호텔 리브맥스 다카마쓰에키마에
ホテルリブマックス高松駅前

이동이 잦은 여행객과 비즈니스 고객에게 특히 만족도가 높은 호텔이다. 역과 인접한 위치는 물론, 주변 편의시설과 식당 덕분에 짧은 일정에도 편리하고 효율적으로 시간을 보낼 수 있다. 화려한 인테리어 대신 기능적인 구성에 초점을 맞춘 점은 오히려 여행에 더욱 집중할 수 있는 환경을 조성해준다.

지도 P.145-A2 주소 香川県高松市錦町1-8-9 전화 087-811-8860 홈페이지 www.hotel-livemax.com/kagawa/takamatsust 체크인 15:00 체크아웃 10:00 요금 ¥5,000 ~ 가는 방법 JR 다카마쓰역(高松駅)에서 도보 8분 발음 호테루리부맥쿠스다카마쓰에키마에

코코 다카마쓰 koko 高松

현대적인 감성과 실용성이 잘 어우러진 디자인 호텔이다. 깔끔하고 세련된 인테리어가 돋보이며, 따뜻한 조명과 차분한 색감이 어우러져 편안한 분위기를 만들어낸다. 합리적인 가격대와 편리한 위치가 더해져 여행은 물론 비즈니스 이용객에게도 만족도가 높은 곳이다.

지도 P.146-B3 주소 香川県高松市瓦町2-2-3 전화 087-861-0017 홈페이지 koko-hotels.com/takamatsu/ 체크인 15:00 체크아웃 11:00 요금 ¥8,100~ 가는 방법 고토덴 가와라마치역(瓦町駅)에서 도보 2분 발음 코코다카마쓰

리가 호텔 제스트 다카마쓰
リーガホテルゼスト高松

서일본 지역에서 안정적인 운영과 신뢰성 높은 서비스로 명성이 자자한 리가로열호텔그룹이 운영하는 호텔이다. 체인 호텔의 견고한 운영 시스템과 지역색을 담은 따뜻한 환대가 조화롭게 어우러진 도심형 호텔이다. 다카마쓰 시내 중심에 자리 잡아 교통 접근성이 우수하며, 쇼핑가, 업무 지구, 관광 명소로 쉽게 이동할 수 있어 여행객과 비즈니스 고객 모두 만족도가 높다.

지도 P.146-A1 주소 香川県高松市古新町9-1 전화 087-822-3555 홈페이지 www.rihga-takamatsu.co.jp 체크인 15:00 체크아웃 11:00 요금 ¥15,000~ 가는 방법 고토덴 가와라마치역(瓦町駅)에서 도보 8분 발음 리가호테루 제스토다카마쓰

오야도 시키시마칸
御宿 敷島館

고토히라궁으로 향하는 참배길 근처에 자리한 온천 호텔이다. 단순한 숙박 시설을 넘어 고즈넉한 일본 전통의 멋과 온천에서 즐기는 여유로운 휴식을 함께 경험할 수 있는 고급 료칸 스타일이 특징이다. 오래된 신사 마을의 정취와 조화를 이루는 입지 덕분에, 숙소에 발을 들이는 순간 여행 중에 쌓인 피로가 자연스레 녹아내리며 '머무는 것만으로도 특별한 여행 경험'을 선사한다. 일본 정통 료칸의 분위기를 자아내면서도, 현대적인 편리함을 놓치지 않은 점이 돋보인다.

주소 香川県仲多度郡琴平町川西713-1 전화 087-892-1211 홈페이지 dormy-hotels.com/resort/hotels/shikishimakan 체크인 15:00 체크아웃 11:00 요금 ¥21,000~ 가는 방법 고토덴 고고히라역(琴平駅)에서 도보 6분 발음 오뉴야도시키시마칸 지도 키워드 코토히라 온천 시키시마칸

텐쿠 호텔 카이로
天空ホテル 海廬(かいろ)

쇼도시마에 있는 온천 리조트형 호텔로, 객실은 자연의 풍경을 고스란히 담아낼 수 있도록 설계되어, 창가에 서는 것만으로도 시원한 전망을 감상할 수 있다. 은은하고 따뜻한 색감의 인테리어는 편안한 휴식 분위기를 더욱 고조시킨다. 바다와 하늘이 맞닿은 듯한 개방형 노천탕에서는 시간의 흐름에 따라 다채로운 절경을 감상할 수 있다.

주소 香川県小豆郡土庄町甲1135 전화 0879-62-1430 홈페이지 kairo-shodoshima.jp 체크인 15:00 체크아웃 10:00 요금 ¥25,000~ 가는 방법 다카마쓰항에서 배를 타고 쇼도시마 도쇼노항(土庄港)까지 이동, 사전 예약 시 호텔에서 송영버스 제공. 또는 택시 이용(10분 소요) 발음 텐쿠호테루카이로 지도 키워드 텐쿠 호텔 카이로

🏠 마쓰야마 숙소

마쓰야마 도큐 레이 호텔

松山東急REIホテル

마쓰야마 도심의 중심, 오카이도에 자리한 호텔이다. 상점, 식당, 주요 교통망이 인접해 관광과 비즈니스 모두에 적합하며, 도시 여행의 중심지로 삼기에 더할 나위 없이 훌륭한 위치를 자랑한다. 호텔 내부는 세련되면서도 절제된 모던 스타일로 꾸며져 있다. 넓진 않지만 효율적인 공간 구성 덕분에 투숙객은 편안함과 쾌적함을 누릴 수 있다.

지도 P.148-C1 **주소** 愛媛県松山市一番町3-3-1 **전화** 089-941-0109 **홈페이지** www.tokyuhotels.co.jp/matsuyama-r/index.html **체크인** 15:00 **체크아웃** 11:00 **요금** ¥6,000~ **가는 방법** 트램 오카이도(大街道) 정류장 하차 후 도보 1분 **발음** 마쓰야마토큐레이호테루

다이와 로이넷 호텔 마쓰야마 오카이도

ダイワロイネットホテル松山 大街道

오카이도 바로 인근에 자리해 훌륭한 입지와 안정적인 시설을 자랑하는 도시형 호텔이다. 주요 관광지, 상점가, 식당가와 가까워 낮에는 관광을, 밤에는 현지 분위기를 만끽하며 산책하기에 안성맞춤이다. 트램 접근성도 우수하여 효율적인 여행 동선을 짤 수 있다. 전 객실 무료 Wi-Fi, 편리한 비즈니스 지원 환경, 친절한 프런트 응대 등 기본적인 편의 기능이 잘 갖춰져 있어 여행객은 물론 비즈니스 고객에게도 높은 만족감을 선사한다.

지도 P.148-D1 **주소** 愛媛県松山市一番町2-6-5 **전화** 089-913-1355 **홈페이지** www.daiwaroynet.jp/matsuyama **체크인** 14:00 **체크아웃** 15:00 **요금** ¥7,700~ **가는 방법** 트램 오카이도(大街道) 정류장 하차 후 도보 1분 **발음** 다이와로이넷토호테루마쓰야마 오카이도

칸데오 호텔 마쓰야마 오카이도

カンデオホテルズ 松山大街道

트램 정류장, 상점가, 레스토랑, 관광 명소와 인접하여 이동이 매우 편리하고, 도시 여행의 즐거움을 가장 효율적으로 누릴 수 있는 곳에 있다는 점이 돋보인다. 이 호텔의 가장 큰 특징은 단연 스카이 스파로 대표되는 온천 시설이다. 도시 풍경을 감상하며 온천을 즐기는 대욕장과 사우나는 여행 만족도를 높여주고, 바쁜 일정 속에서도 몸과 마음을 편안하게 이완할 수 있는 특별한 시간을 제공한다.

지도 P.148-C2 **주소** 愛媛県松山市大街道2-5-12 **전화** 089-913-8866 **홈페이지** www.candeohotels.com/ja/ehime-matsuyama **체크인** 15:00 **체크아웃** 11:00 **요금** ¥21,000~ **가는 방법** 트램 오카이도(大街道) 정류장 하차 후 바로 **발음** 칸데오호테루마쓰야마오카이도

도미 인 마쓰야마

ドーミーイン松山

오카이도 상점가와 인접하여 쇼핑, 식사, 관광을 즐기기에 좋은 호텔이다. 트램을 이용한 이동도 편리하여 도시를 효율적으로 탐험할 수 있는 거점 역할을 한다. 이 호텔이 가진 가장 큰 매력은 역시 온천 시설이다. 대욕장과 사우나는 여행의 고단함을 씻어내기에 충분하며, 하루의 여정을 마무리하는 순간을 더욱 특별하게 만들어 준다. 여기에 도미 인의 시그니처 야식 서비스인 무료 요나키 소바(라면)를 잊지 말자.

지도 P.148-C2 **주소** 愛媛県松山市大街道2-6-5 **전화** 089-934-5489 **홈페이지** dormy-hotels.com/dormyinn/hotels/matsuyama **체크인** 15:00 **체크아웃** 11:00 **요금** ¥7,000~ **가는 방법** 트램 오카이도(大街道) 정류장 하차 후 도보 2분 **발음** 도미인마쓰야마

토요코인 마쓰야마 이치반초
東橫INN松山一番町

합리적인 가격과 안정적인 서비스로 정평이 난 토요코인 브랜드의 강점을 고스란히 담은 실속형 호텔이다. 마쓰야마 중심 상권과 인접하고 트램도 편리하게 이용할 수 있어 관광과 비즈니스 모두에 효율적인 이동 경로를 제공한다. 체인 호텔답게 서비스는 효율적이고 일관성 있으며, 기본 어메니티와 셀프 세탁 시설이 잘 갖춰져 있다. 아침 식사를 간편하게 해결할 수 있는 조식 서비스도 제공된다.

지도 P.148-D1 ▶ 주소 愛媛県松山市一番町1-10-8 전화 089-941-1045 홈페이지 www.toyoko-inn.com/korea/search/detail/00064/ 체크인 15:00 체크아웃 10:00 요금 ¥3,800~ 가는 방법 트램 가쓰야마초(勝山町) 정류장 하차 발음 토요코인마쓰야마이치반초

호텔 루트인 마쓰야마 가쓰야마도리
ホテルルートイン松山-勝山通り-

일본 전역에서 꾸준한 신뢰를 얻고 있는 루트인 브랜드 특유의 안정감과 실용성을 고스란히 담아낸 호텔이다. 호텔 내부는 기능성과 쾌적함을 중시하여 불필요한 장식은 최소화하고 '편안하게 쉬는 공간'이라는 본질에 충실하게 설계되었다. 루트인 호텔의 강점인 대욕장도 빼놓을 수 없다. 하루를 마무리하며 따뜻한 물에 몸을 담그는 순간, 여행 중 쌓인 피로가 눈 녹듯 사라지는 여유를 만끽할 수 있다.

지도 P.148-D2 ▶ 주소 愛媛県松山市旭町107 전화 050-5211-5788 홈페이지 www.route-inn.co.jp, 체크인 15:00 체크아웃 10:00 요금 ¥9,600~ 가는 방법 트램 가쓰야마초(勝山町) 정류장 하차 후 도보 5분 발음 호테루루토인마쓰야마카쓰야마도리

네스트 호텔 마쓰야마
ネストホテル松山

트램 접근성이 뛰어난 위치 덕분에 주요 관광지와 시내로 이동하기가 쉬워 가볍고 유연한 동선으로 여행을 만끽할 수 있다. 호텔 내부는 깔끔하고 단정한 분위기로 꾸며져 있다. 객실은 규모는 작지만 기능에 충실한 공간 구성으로 효율적인 체류 환경을 제공한다. 차분한 색감과 아늑한 침구가 어우러져 여행의 고단함을 잊게 해주며, 편안한 휴식 공간을 선사한다.

지도 P.148-D2 ▶ 주소 愛媛県松山市二番町1-7-1 전화 089-945-8111 홈페이지 www.nesthotel.co.jp/matsuyama/ 체크인 15:00 체크아웃 11:00 요금 ¥4,750~ 가는 방법 트램 가쓰야마초(勝山町) 정류장 하차 후 도보 5분 발음 네스또호테루마쓰야마

호텔 마이스테이즈 마쓰야마
ホテルマイステイズ松山

트램 정류장이 가까워 이동이 편리하며, 주변에는 상점가, 식당, 주요 관광 명소가 있어 효율적인 여행 동선을 짤 수 있다. 비즈니스 환경과 세탁 시설 등 실용적인 편의 기능이 잘 갖춰져 있으며, 호텔 레스토랑에서 제공하는 다양한 식사 옵션은 투숙 만족도를 한층 높여준다. 깔끔하게 관리된 공용 공간과 친절한 응대는 처음 방문하는 여행자에게도 좋은 인상을 준다.

지도 P.148-B2 ▶ 주소 愛媛県松山市大手町1-10-10 전화 089-913-2580 홈페이지 iconia.co.jp/location-hotel-mystays-matsuyama-ehime 체크인 14:00 체크아웃 11:00 요금 ¥5,100~ 가는 방법 트램 니시호리바타(西堀端) 정류장에서 하차 또는 JR마쓰야마역(松山駅)에서 도보 8분 발음 호테루마이스테이즈마쓰야마

컴포트 호텔 마쓰야마
コンフォートホテル松山

합리적인 가격, 깔끔한 시설, 편리한 위치를 두루 갖춘 균형 잡힌 체인 호텔이다. 마쓰야마 시내 중심가와 인접하여 관광과 비즈니스에 모두 유용하며, 대중교통 접근성이 우수해 가볍고 효율적인 일정 관리가 가능하다. 객실은 아담하지만 기능적으로 설계되었으며, 깔끔한 침구와 정돈된 공간, 조용한 분위기가 어우러져 편안한 휴식을 선사한다.

지도 P.148-B2 ▶ 주소 愛媛県松山市花園町3-18 전화

089-913-7311 **홈페이지** www.choicehotels.com **체크인** 15:00 **체크아웃** 10:00 **요금** ¥7,000~ **가는 방법** JR 마쓰야마역(松山駅)에서 도보 8분. 또는 트램 마쓰야마시(松山市) 정류장에서 하차 후 도보 7분 **발음** 콘포토호테루마쓰야마

호텔 쓰바키칸
ホテル椿館

도고온천 지구의 전통적인 분위기를 고스란히 간직한 온천 료칸이다. 온천 마을의 한적한 거리와 인접해 숙소에 들어서는 순간부터 편안함과 고풍스러운 분위기를 느낄 수 있다. 호텔 내부는 고전적인 일본 전통미와 품격 있는 공간 연출이 돋보인다. 넓고 여유로운 로비와 차분한 분위기의 객실은 오랜 세월 동안 사랑받아 온 료칸의 깊이를 느끼게 하며, 나무 소재와 따뜻한 조명이 조화를 이루는 공간은 마음마저 평온하게 해준다. 전통적인 감성을 온전히 유지하면서 현대적인 편리함까지 갖춘 점이 이곳만의 매력이라 할 수 있다.

지도 P.149-C1 **주소** 愛媛県松山市道後鷺谷町5-32 **전화** 089-945-1000 **홈페이지** tsubakikan.co.jp **체크인** 15:00 **체크아웃** 10:00 **요금** ¥25,000~ **가는 방법** 트램 종점 도고온센(道後温泉) 정류장 하차 후 도보 10분 **발음** 호테루쓰바키칸

야마토야 본점
大和屋本店

도고온천을 대표하는 전통 숙소 중 하나인 야마토야 본점은 오랜 역사와 품격 있는 환대로 일본식 온천 체류의 진수를 경험할 수 있는 료칸이다. 도고온천 거리 중심부에 자리 잡아 고즈넉한 온천 마을의 정취와 여행의 설렘을 만끽할 수 있다. 넓고 여유로운 로비, 따뜻한 조명, 세심한 일본식 디테일이 조화롭게 어우러진 공간 구성이 돋보인다. 객실은 일본식 정취와 현대적인 편의성을 갖춰 편안한 휴식 공간을 선사한다.

지도 P.149-C1 **주소** 愛媛県松山市道後湯之町20-8 **전화** 089-935-8880 **홈페이지** www.yamatoyahonten.com **체크인** 15:00 **체크아웃** 10:00 **요금** ¥22,500~ **가**

는 방법 트램 종점 도고온센(道後温泉) 정류장 하차 후 도보 8분 **발음** 야마토야혼텐

도고 프린스 호텔
道後プリンスホテル

규모와 편의성을 겸비한 온천 리조트형 숙소다. 도고 온천 마을과 인접하여 산책과 관광을 즐기기 좋고, 가족, 커플, 단체 여행 등 다양한 여행객을 만족시키는 매력을 지녔다. 객실은 일본식과 서양식이 조화를 이루어 선택의 폭을 넓혔으며, 넉넉한 공간감과 아늑한 인테리어는 투숙객에게 안정적인 휴식을 선사한다.

지도 P.149-D2 **주소** 愛媛県松山市道後姫塚100 **전화** 089-947-5111 **홈페이지** www.dogoprince.co.jp **체크인** 15:00 **체크아웃** 10:00 **요금** ¥17,600~ **가는 방법** 트램 종점 도고온센(道後温泉) 정류장 하차 후 도보 9분. 호텔까지 무료 셔틀버스 운행(15:00~22:00, 10분 간격) **발음** 도고프린스호테루

닛포니아 호텔 오즈
NIPPONIA HOTEL 大洲

에도 시대의 정취가 고스란히 깃든 성하마을 오즈(大洲)의 분위기를 담은 호텔이다. 오즈성 주변에 있는 옛 상가, 전통 가옥, 역사적 건축물을 리노베이션하여 객실로 활용했다. 호텔은 옛 건축물의 구조와 감성을 최대한 보존하면서도 현대적인 편의시설을 세심하게 더해 완성도를 높였다. 목재의 온기와 시간의 흔적이 느껴지는 벽, 차분한 조명, 감각적인 인테리어가 조화롭게 어우러져 단순한 숙박을 넘어 역사와 풍경을 함께 느끼는 특별한 경험을 선사한다.

주소 愛媛県大洲市大洲378 **전화** 012-021-0289 **홈페이지** www.ozucastle.com, **체크인** 15:00 **체크아웃** 12:00 **요금** ¥27,800~ **가는 방법** JR 이요오즈역(伊予大洲駅)에서 도보 20분. 또는 역에서 사전 예약 시 송영 버스 제공 **발음** 닛포니아호테루오즈 **지도 키워드** NIPPONIA HOTEL 오즈 조카마치

다카마쓰·마쓰야마 여행 준비

여권과 비자

여권과 비자는 해외여행의 필수품이다. 기본적으로 여권 만료일이 6개월 이상 남아 있다면 대부분 국가로 여행이 가능하다. 일본은 비자면제 협정국이므로 여행 목적으로 입국한 경우 최장 90일까지 체류할 수 있는 상륙 허가 스탬프를 찍어준다. 귀국편 비행기 E-티켓 등 출국을 입증할 서류를 지참하면 입국심사에 유리하다.

01 | 여권 만들기

여권 종류 | 단수여권과 복수여권으로 나뉜다. 말 그대로 단수여권은 1회성이고, 복수여권은 기간 만료일 이내에 무제한 사용 가능하다.

준비물 | 여권 발급 신청서(접수처에 비치), 여권용 사진 1매(가로 3.5cm, 세로 4.5cm 흰색 바탕에 상반신 정면 사진, 정수리부터 턱까지가 3.2~3.6cm, 여권 발급 신청일 6개월 이내 촬영한 사진), 신분증, 병역 관계 서류(미필자에 한함)

※ 유효기간이 남아 있는 여권을 소지하고 있다면 반납해야 함.

여권 발급 절차 | 발급기관인 전국의 도·시·군청과 광역시의 구청을 방문(서울특별시청은 제외) → 접수처에 비치된 신청서 작성 → 접수 → 수수료 납부 → 여권 수령

02 | 여권 발급 수수료

종류	구분	유효기간	대상	사증면	금액
전자 여권	복수여권	10년 이내	18세 이상	58면	52,000원
				26면	49,000원
		5년 (18세 미만)	만 8세 이상	58면	44,000원
			만 8세 미만	26면	41,000원
		5년 미만		26면	35,000원
	단수여권	1년 이내			32,000원
비전자여권	긴급여권	1년 이내			50,000원
			친족 사망 또는 위독 관련 증빙서류 제출 시		17,000원
	잔여 유효기간 부여 여권 (여권 분실 및 훼손으로 인한 재발급)			58면/26면 선택	27,000원
	기재사항 변경 (사증란 추가 또는 동반 자녀를 분리할 경우)				5,000원

※ 비전자 여권은 긴급한 사유 등의 경우 발급 가능함.

항공권 예약

항공권 가격은 여행 시기, 운항 스케줄, 항공편(항공사), 좌석 등급, 환승 여부, 수하물 여부, 마일리지 적립률 등에 따라 달라진다. 일단 여행 계획이 세워졌다면 가능한 한 빨리 항공권을 예매해야 저렴한 가격에 구할 수 있다. 스카이스캐너, 네이버항공권, 인터파크 등을 비롯한 온/오프라인 여행사와 소셜 커머스를 활용하면 좀 더 쉽게 항공권 가격을 비교할 수 있다.

전자항공권(E-ticket) 확인

항공권 결제가 끝나면 이메일로 전자항공권을 수령한다. 전자항공권은 예약번호만 알아두어도 실제 보딩패스를 발권하는 데 무리가 없으나, 만약을 대비해 출력해서 소지하는 것이 좋다.

> **Tip** 항공권, 야무지게 예약하는 법
> **1 항공사 홈페이지** 가격 비교 사이트를 주로 이용하는 여행자들이라면 항공사 홈페이지의 특가 상품을 간과하기 쉽다. 항공사에서는 출발일보다 1개월, 혹은 그 이상 앞서 예약하는 이들을 위해 '얼리버드' 상품을 내놓거나, 출발-도착일이 이미 정해진 특별 프로모션 상품을 걸어둔다. 저렴한 항공권을 얻고 싶다면 항공사 SNS 계정이나 홈페이지를 자주 살필 것.
> **2 여행사 홈페이지** 이른바 '땡처리' 항공권이 가장 많이 쏟아지는 플랫폼이 바로 여행사 홈페이지이다. 주요 여행사 홈페이지에서 [항공] 카테고리로 들어가면 출발일이 임박한 특가 항공권을 확인할 수 있다. 이런 상품은 금세 매진되므로, 계획한 여정과 맞는 항공권이라면 주저하지 말고 예약하는 것이 좋다.
> **3 가격 비교 웹사이트·모바일 애플리케이션** 가장 대중적인 항공권 예약 방법으로 모바일 애플리케이션을 활용하면 추가 할인 코드, 모바일 전용 상품 등을 통해 다양한 혜택을 얻을 수 있다.

여행 준비물

분류	체크	준비물	분류	체크	준비물
기본 준비물		여권	의류 및 잡화		겉옷, 상의, 하의
		여권 사본			속옷, 양말
		항공권 E-티켓			방한용품(겨울)
		여행자보험			여분 신발(가급적 운동화)
		현금 (엔화) 및 신용카드			실내 슬리퍼(숙소에서 이용)
		국제운전면허증 또는 국제학생증 (학생 할인 및 렌터카 이용 시)			보조가방, 지갑
생활 용품		레일패스 및 바우처(예약한 경우)	전자 용품		멀티플러그 (일본의 경우 A타입)
		숙소 바우처			스마트폰
		세면도구 및 수건			카메라
		화장품, 여성용품			충전기(카메라, 스마트폰 등)
		비상약	여행 용품		여행가이드북
		도난방지용 자물쇠			필기구
		우양산			일정표

여행에 유용한 애플리케이션

👤 길찾기

구글 맵스 Google Maps
일본 대중교통 노선·환승·도보 길찾기 등을 확인할 수 있는 지도 애플리케이션이다. 맛집 후기, 영업시간, 혼잡도까지 확인 가능해 일정 관리에 유용하다.

맵스 미 Maps.me
오프라인 지도 다운로드가 가능해 모바일 데이터가 켜져 있지 않아도 길찾기가 가능하다. 시골 지역이나 산길, 순례길 여행 시 특히 유용하다.

🔊 번역

파파고 Papago
일본어, 중국어 등 아시아 언어 번역에 강하다. 특히 한국어 특유의 존댓말 사용과 문맥을 자연스럽게 처리하는 편이다.

구글 번역 Google Translate
100개 이상의 언어를 지원하는 번역 애플리케이션이다. 실시간 카메라 번역이 가능하며 글씨를 쓰면 자동으로 텍스트로 변환되어 번역되는 기능이 있다.

🚌 교통

모바일 스이카 Suica
지하철·버스·편의점 결제를 한 번에 해결하는 교통 IC카드 애플리케이션이다. 아이폰·애플워치에 등록하면 실물 카드 없이 간편 결제가 가능하다.

고 택시 GO Taxi
일본 최대 택시 호출 애플리케이션으로 영어 인터페이스 지원이 편리하다. 목적지 자동 입력과 카드 결제가 가능해 초행길에 유용하다.

📱 편의

타베로그 Tabelog
일본 현지인이 가장 신뢰하는 맛집 평가 플랫폼이다. 지역별 랭킹과 상세 리뷰를 통해 숨은 맛집 찾기에 좋다.

인스타그램 Instagram
해시태그 검색으로 최신 핫플레이스·카페·명소를 빠르게 찾을 수 있다. 위치 태그를 활용하면 여행지 분위기와 실제 모습을 확인할 수 있다.

위급상황 대처법

1 공항에서 수하물을 분실했을 때

먼저 탑승권에 적힌 수하물 수취대 번호를 다시 확인하고, 전광판에 표시된 항공편 정보가 맞는지 점검한다. 그래도 짐이 보이지 않는다면 즉시 해당 항공사의 수하물 서비스 데스크로 이동한다. 이 데스크는 보통 수하물 찾는 곳 근처에 위치해 있다. 데스크에서는 분실 신고서(PIR; Property Irregularity Report)를 작성하게 된다. 이때 필요한 것은 탑승권과 수하물 태그(항공권에 붙어 있는 바코드 스티커)다. 가방의 색상, 크기, 브랜드, 특징 등을 최대한 구체적으로 설명해야 하며, 여행 중 머무르는 숙소 주소와 연락처도 정확히 기재해야 한다. 이후 수하물이 발견되면 해당 숙소로 무료 배송되는 경우가 대부분이다. 당장 필요한 속옷 등은 구입 후 항공사 규정에 따라 일정 금액을 보상받을 수 있다. 이때 구입 영수증을 반드시 보관해야 하며, 여행자 보험에 가입했다면 추가 보상 청구도 가능하다.

2 물건 분실 및 도난이 발생했을 때

분실 신고 시 신분 확인이 필수이므로, 반드시 여권을 지참해야 한다. 가입해 둔 여행자 보험을 통해 보상받기 위해서는 현지 경찰서에서 발급해 주는 분실 확인 증명서(Police Report)가 필요하다. 단, 현지어로 원활하게 의사소통이 불가한 경우엔 외교부 영사안전콜센터에 연락하여 통역 서비스를 이용하면 좋다.
여권을 분실했을 경우엔 분실 확인 증명서를 발급받은 후 대한민국 총영사관에 방문하여 분실 신고를 해야 한다. 귀국을 위해 여권 재발급을 받거나 여행 증명서를 받아야 한다.
신용카드를 분실했을 경우엔 가장 먼저 해당 카드사에 연락하여 카드 분실 신고와 함께 카드를 정지시켜야 한다. 귀국 후 카드사에 제출해야 할 수 있으므로 분실 확인 증명서를 발급받아 두자. 급히 현금이 필요하다면, 외교부 신속

해외송금서비스를 이용하면 된다.
휴대폰을 분실했을 경우에는 통신사별 고객센터로 연락하여 분실 신고를 해야 한다.
외교부 홈페이지 0404.go.kr

긴급 연락처
긴급 전화 110
영사안전콜센터
해외에서 사건·사고 또는 긴급한 상황에 처했을 경우 도움을 받을 수 있도록 외교부에서 운영하는 24시간 상담 서비스. 연중 무휴. 무료전화앱 또는 SNS(카카오톡, 위챗, 라인) 상담 서비스 이용하면 된다.
전화 국내 02-3210-0404, 해외 +82-2-3210-0404

주 대한민국 고베 총영사관(시코쿠 지역, 효고현, 오카야마현, 돗토리현 총괄)
주소 兵庫県神戸市中央区中山手通2-21-5 **전화** 78-221-4853 **운영** 월~금요일 09:00~17:00 **가는 방법** JR산노미야역(三ノ宮駅) 하차 후 북쪽으로 도보 15~20분.

여행 일본어

■ 기본 인사

안녕하세요	こんにちは	곤니치와
좋은 아침	おはようございます	오하요 고자이마스
좋은 저녁	こんばんは	곤방와
안녕히 가세요	さようなら	사요나라
감사합니다	ありがとうございます	아리가토 고자이마스
정말 감사합니다	ほんとうにありがとうございます	혼토니 아리가토 고자이마스
죄송합니다	すみません	스미마센
미안합니다	ごめんなさい	고멘나사이

■ 기본 의사소통

괜찮습니다	だいじょうぶです	다이조부 데스
부탁합니다	おねがいします	오네가이시마스
네	はい	코레니 시마스
아니요	いいえ	코레니 시마스
모르겠습니다	わかりません	와카리마센
이해했습니다	わかりました	와카리마시타
잠시만요	ちょっとまってください	촛토 맛테 쿠다사이
천천히 말씀해 주세요	ゆっくりはなしてください	윳쿠리 하나시테 쿠다사이

■ 교통

역은 어디입니까?	えきはどこですか	에키와 도코데스카
이 열차 맞나요?	このでんしゃですか	코노 덴샤 데스카
몇 번 승강장인가요?	何番ホームですか	난반 호무 데스카
표 한 장 주세요	切符を一枚ください	킷푸오 이치마이 쿠다사이
IC카드 사용 가능합니까?	ICカード使えますか	아이시카도 츠카에마스카
택시 불러주세요	タクシーを呼んでください	타쿠시 오 욘데 쿠다사이
여기서 내려주세요	ここで降ろしてください	코코데 오로시테 쿠다사이

■ 식당

메뉴 주세요	メニューをください	메뉴오 쿠다사이
추천 메뉴는?	おすすめはなんですか	오스스메와 난데스카
물 주세요	水をください	미즈오 쿠다사이
맥주 한 잔	ビール一つ	비루 히토츠
계산해 주세요	お会計お願いします	오카이케이 오네가이시마스
카드 가능합니까?	カード使えますか	카도 츠카에마스카

■ 숙소

체크인 부탁합니다	チェックインお願いします	체크인 오네가이시마스
예약했습니다	予約しています	요야쿠 시테이마스
수건 더 주세요	タオルをください	타오루오 쿠다사이
짐 맡길 수 있나요?	荷物を預けられますか	니모츠오 아즈케라레마스카

■ 쇼핑

| 얼마입니까 | いくらですか | 이쿠라 데스카 |
| 이거 주세요 | これください | 코레 쿠다사이 |

다카마쓰시의 중심, 다카마쓰역

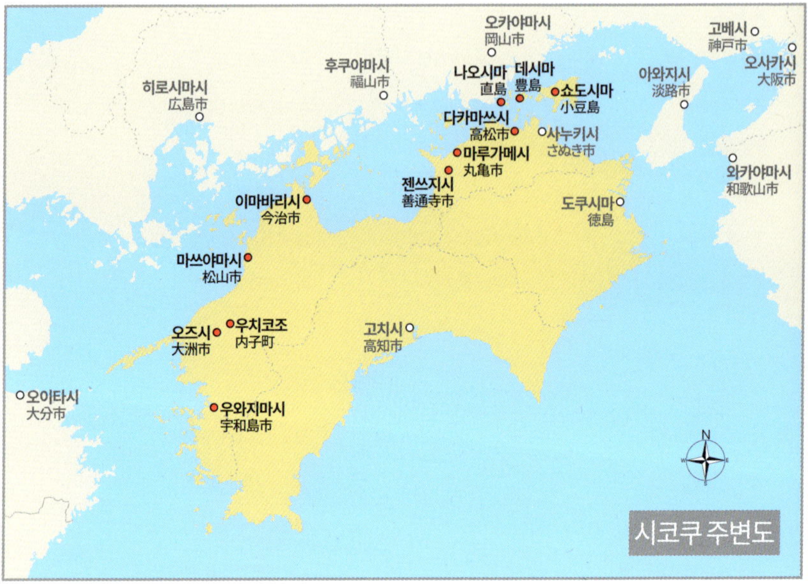
오카야마시
岡山市
고베시
神戸市
오사카시
大阪市
후쿠야마시
福山市
나오시마
直島
데시마
豊島
쇼도시마
小豆島
아와지시
淡路市
히로시마시
広島市
다카마쓰시
高松市
사누키시
さぬき市
마루가메시
丸亀市
와카야마시
和歌山市
젠쓰지시
善通寺市
이마바리시
今治市
도쿠시마
徳島
마쓰야마시
松山市
오즈시
大洲市
우치코조
内子町
고치시
高知市
오이타시
大分市
우와지마시
宇和島市
N
시코쿠 주변도

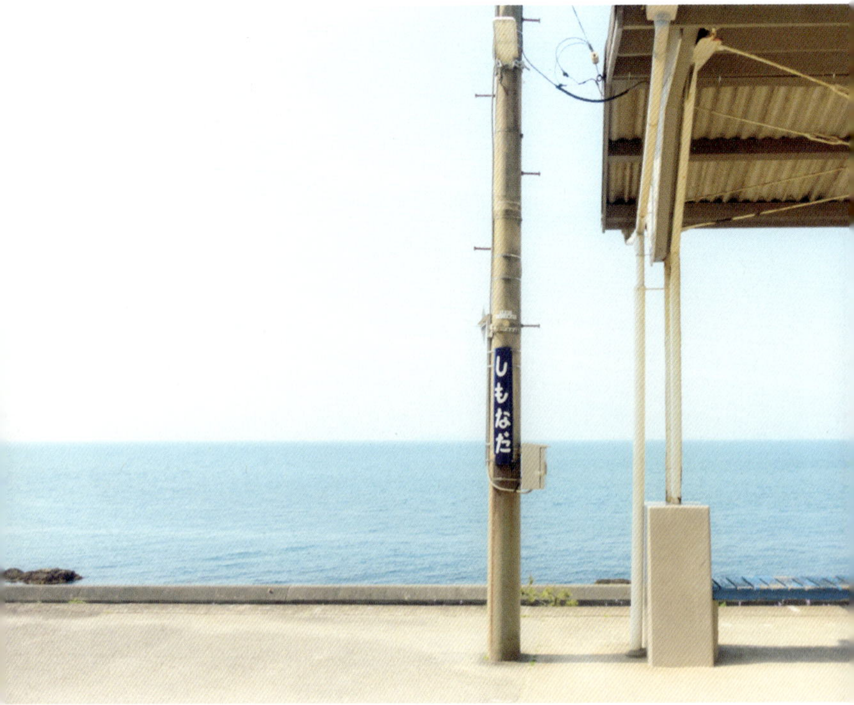
しもなだ

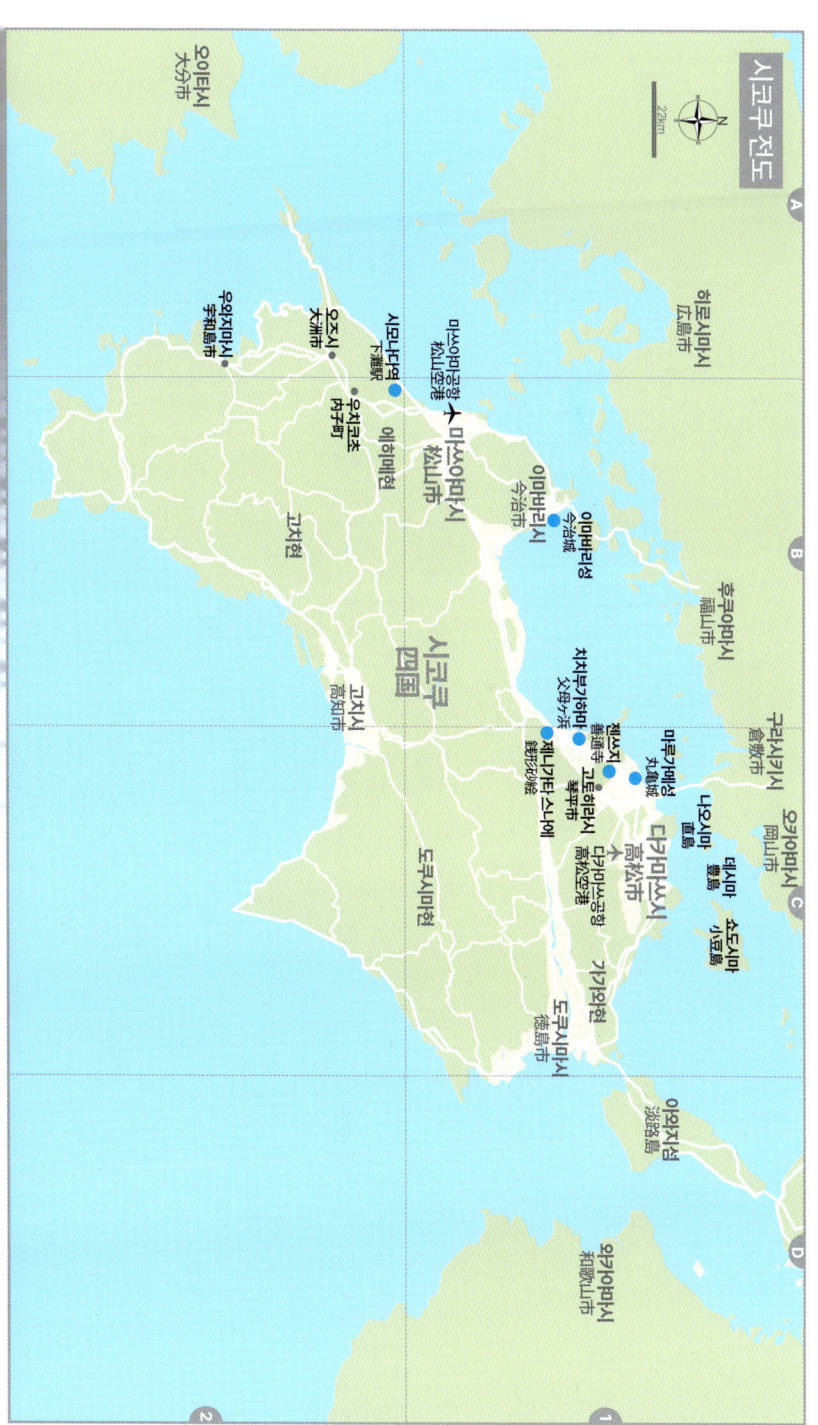

디카마쓰 전도

이온몰 다카마쓰
イオンモール高松

마루가메마치 그린
丸亀町グリーン

쇼와초 昭和町

JR 고자이 香西

JR 기타시 鬼無

도키호테 피우다카마쓰점
ドン・キホーテ高松店

유메타운 다카마쓰점
ゆめタウン高松

리쓰린공원 栗林公園

리쓰린코엔 栗林公園

리쓰린코엔기타구치 栗林公園北口

우동 바야시대야

가와라마치 瓦町

리쓰린 栗林

이마바시 今橋

마쓰시마니초메 松島二丁目

고쓰 太田

후쓰 三条

센조 三条

아지노미야 味之宮

구로도오리 仏生通り

하나조노 花園

하이아시미치 林道

기타하가시구치 木太東口

기타초 木太町

가스가가와 春日川

가스가가와 春日川

고토덴야시마 琴電屋島

기타요코 古高松

야시마 屋島

자이고우동 춘케이 오라아
야시마산조엔 屋島展望台

야시마지 屋島寺
시코쿠무라
四国村ミウゼアム

모토야마 元山

미즈타 潟田

모요야마 潟山

고토덴쇼리 琴電志度

고토덴야시마 琴電屋島

이쿠리 大栗

히와 潟

하라 原

니시마에다 西前田

다카다 高田

아카노베 潟

북소친 온천 仏生山温泉

북소친 仏生山

오타 太田

후쓰 三条

엔자 円座

다카마쓰공항 高松空港 방면 ↓

다카마쓰공항 高松空港行き

구로도오리 仏生通り

로쿠지지 大窪寺

엔자 円座

다카마쓰 시내 중심

A　　　B

120m

다카마쓰항구(선라이즈 테라스)
高松港(サンライズテラス)

혼카쿠테우치 모리야 다카마쓰 심벌타워점
本格手打もり家 高松シンボルタワー店
카리가리 다카마쓰점
カリガリ高松店
시코쿠 숍 88
四国ショップ88

다카마쓰 심벌타워
高松シンボルタワー

JR호텔 클레멘트 다카마쓰
JRホテルクレメント 高松

다카마쓰 오르네
高松オルネ

우미에
Umie

다카마쓰역
高松駅

다카마쓰 칫코
高松築港

다마모공원(다카마쓰성터)
高松城跡(玉藻公園)

기타하마 앨리
北浜アリー

메리켄야 다카마쓰역앞점
めりけんや 高松駅前店

도요타렌터카 다카마쓰점
トヨタレンタリース東四国 高松店

가가와 현립 미술관
香川県立ミュージアム

세토오하시거리

瀬戸大橋通り

호텔 리브맥스 다카마쓰에키마에
ホテルリブマックス高松駅前

173

테우치잇폰마사야
手打ち一本 まさ屋

다케우치 쇼쿠도
武内食堂

텐카쓰 본점(혼텐)
天勝本店

30

159

다카마쓰 미쓰코시(백화점)
高松三越

가타하라마치
片原町

160

다카마쓰시 미술관
高松市美術館

다카마쓰시립 중앙공원
高松市立中央公園

173

11

160

33

가와라마치
瓦町

43

P.146

소케 구쓰와도
宗家くつわ堂

호네츠키도리 요리도리미도리
骨付鳥 寄鳥味鳥

다카마쓰 미쓰코시 백화점
高松三越

토요코인 다카마쓰 효고마치
東横INN高松兵庫町

커피 살롱 황제
コーヒーサロン皇帝

효고마치 상점가
高松兵庫町商店街

가타하라마치
片原町

다카마쓰
토큐 레이 호텔
高松東急REIホテル

사누키 우동 엔야
讃岐うどん えん家

리가 호텔 제스트 다카마쓰
リーガホテルゼスト高松

사누키멘교 효고마치 본점 (혼텐)
さぬき麺業 兵庫町店

돈키호테 마루가메마치점
ドン・キホーテ高松丸亀町店

성의 눈
城の眼

란마루 본점 (혼텐)
蘭丸 本店

다카마쓰시 미술관
高松市美術館

미야와키 서점 본점
宮脇書店 本店

가마쿠라 파스타 마루가메 상점가점
鎌倉パスタ高松丸亀町商店街店

마루가메마치 상점가
丸亀町商店街

마루가메마치 그린 (서관)
丸亀町グリーン(西館)

포켓몬 센터 카가와
ポケモンセンターカガワ

테우치우동 쓰루마루
手打ちうどん鶴丸

다카마쓰 로프트
高松ロフト

마루가메마치 그린
丸亀町グリーン(東館)

호네츠키도리 아즈마
骨付鳥東

다이와 로이넷 호텔 다카마쓰
イワロイネットホテル高松

위베이스 다카마쓰
WeBase 高松

로열 파크 호텔 다카마쓰
ロイヤルパークホテル高松

도미 인 다카마쓰
ドーミーイン高松

코코 다카마쓰
koko 高松

우동보 다카마쓰 본점 (혼텐)
うどん棒高松本店

멘도코로 와타야 다카마쓰점
麺処 綿谷 高松店

가와라마치
瓦町

컴포트 호텔 다카마쓰
コンフォートホテル高松

100m

다카마쓰 중앙상점가 부근

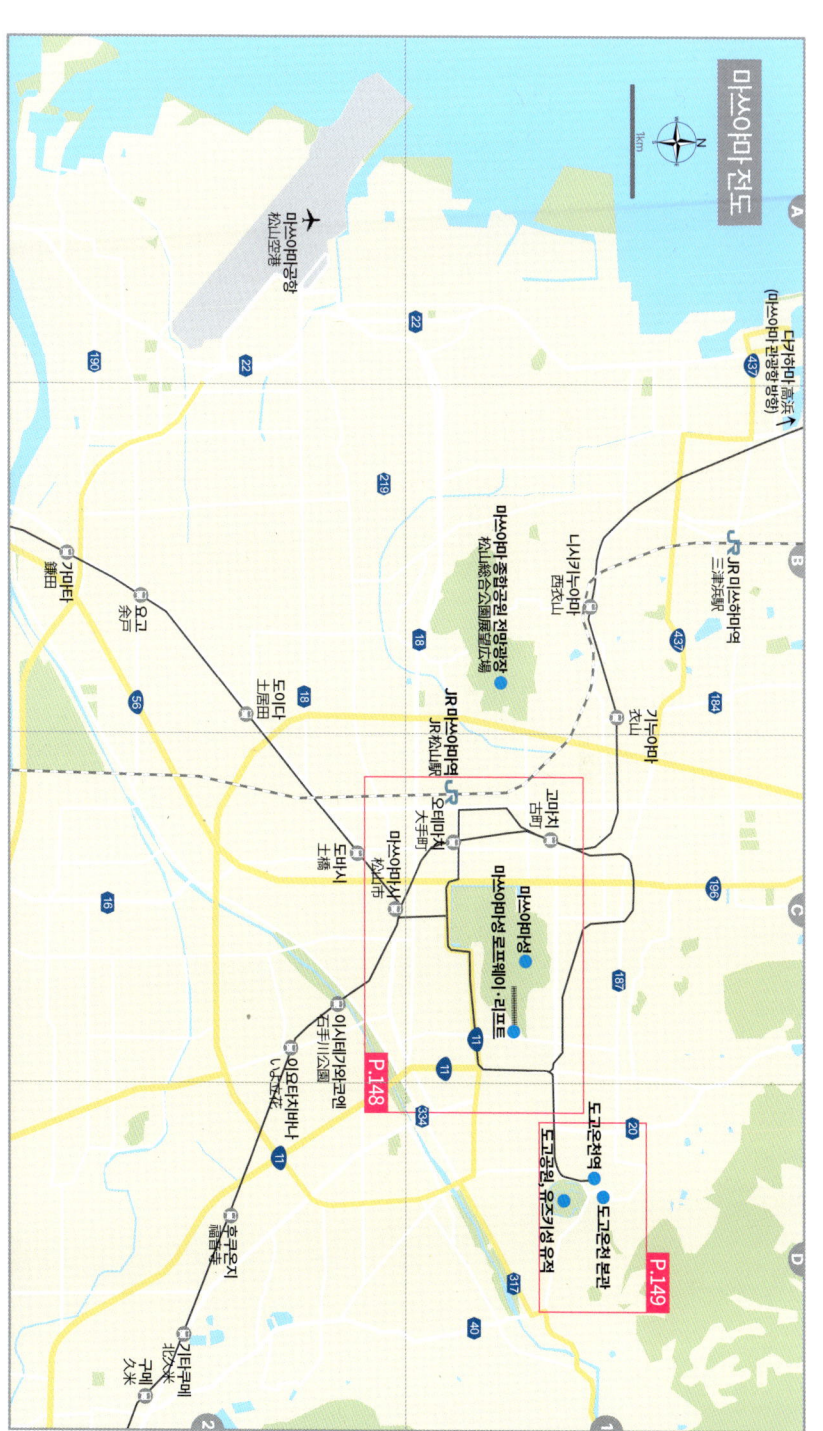

마쓰야마 전도

N

1km

다카하마 高浜 ↑
(마쓰야마 관광항 방향)

437

마쓰야마공항
松山空港

190

22

22

219

마쓰야마 종합공원 전망광장
松山総合公園展望広場

18

니시카누야마
西衣山

JR 미쓰하마역
三津浜駅

B

기누야마
衣山

가미타
上田

요고
余戸

56

도이다
土居田

18

18

43/

184

기요타
鎌田

JR 마쓰야마역
JR松山駅

오테마치
大手町

고마치
古町

마쓰야마성
마쓰야마성 로프웨이·리프트

16

도바시
土橋

마쓰야마시
松山市

196

C

187

이시테가와공원
石手川公園

11

11

11

이요테쓰비나
伊予鉄ビナ

334

P.148

20

도고온천역

도고공원, 유즈키성 유적

P.149

40

317

호큐오지
福音寺

기타쿠메
北久米

D

구메
久米

2

1

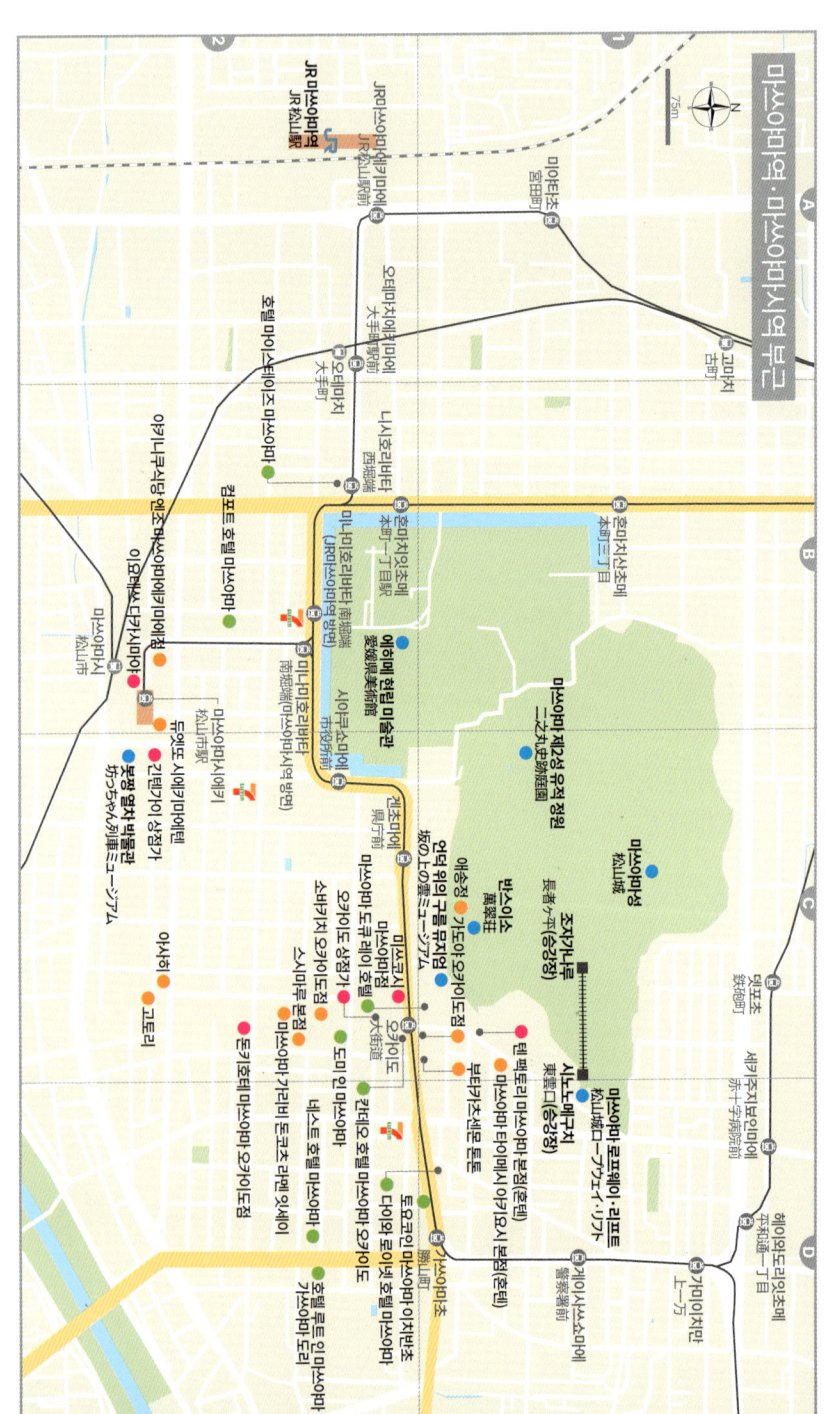

마쓰야마역·마쓰야마시역 부근

N

75m

2

1

A

B

C

D

JR 마쓰야마역
JR松山駅

JR마쓰야마에키마에
JR松山駅前

미야타초
宮田町

고마치
古町

오테마치산초메
大手町三丁目

오테마치니초메
大手町二丁目

니시호리바타
西堀端

호텔 마이스테이즈 마쓰야마

야기나리쇼쿠도 혼조 마쓰야마에키마에

경포트 호텔 마쓰야마

호텔 마이스테이즈 마쓰야마에키

마쓰야마시
松山市

이요테쓰 다카시마야

도큐한즈 마쓰야마에키

두양 식자 박물관
坊ちゃん列車ミュージアム

긴테쓰 아이 마쓰야마

긴테쓰 상점가

이싸히

혼마치니초메
本町二丁目

혼마치산초메
本町三丁目

미나미호리바타·혼마치잇초메
南堀端·本町一丁目
(JR마쓰야마역 방면)

미나미호리바타
南堀端

시야쿠쇼마에
市役所前

미나미호리바타(마쓰야마역 방면)

마쓰야마 제2경찰 유적 정원
二之丸史跡庭園

에히메현립 미술관
愛媛県美術館

언덕 위의 구름 뮤지엄
坂の上の雲ミュージアム

기도야 오가이도점

예승정
黌翠亭

반스이소
萬翠荘

조자가나루(승강장)
長者ヶ原(乗場)

마쓰야마성
松山城

마쓰야마성 로프웨이·리프트
松山城ロープウェイ·リフト

시노노메(승강장)
東雲口(乗場)

마쓰야마 로프웨이·리프트
松山城ロープウェイ·リフト

겐초마에
県庁前

오카이도 상점가

마쓰야마점

마쓰야마점

마쓰야마 도큐 레이 호텔

스바라지 오카이도점

오카이도 상점가

오카이도
大街道

오카이도
大街道

탄 백토리 마쓰야마본점(혼점)

마쓰야마 타미에셔 아야기소시 본점(혼점)

분타카초센토 토토

돈키호테 마쓰야마 가이난도 오가이도점

네스트 호텔 마쓰야마

도이 인 마쓰야마

가타마리오 마쓰야마 오카이도

아이오이도

마쓰야마 이치반초

가미야초잇초메
上一万

세키주지뵤인마에
赤十字病院前

에히메이도리잇초메
平和通一丁目

가이난도리
警察署前

가미야초잇초메
上一万

돈키호테 마쓰야마 오가이도

도요코인 마쓰야마 오카이도

가쓰야마초
勝山町

도요코인 호텔 마쓰야마

호텔 룸즈 인 마쓰야마

호텔 마쓰야마 도리

마쓰야마 이치반초

다이와 로이넷 호텔 마쓰야마

호텔 룸즈 인 마쓰야마

호텔 마쓰야마 도리

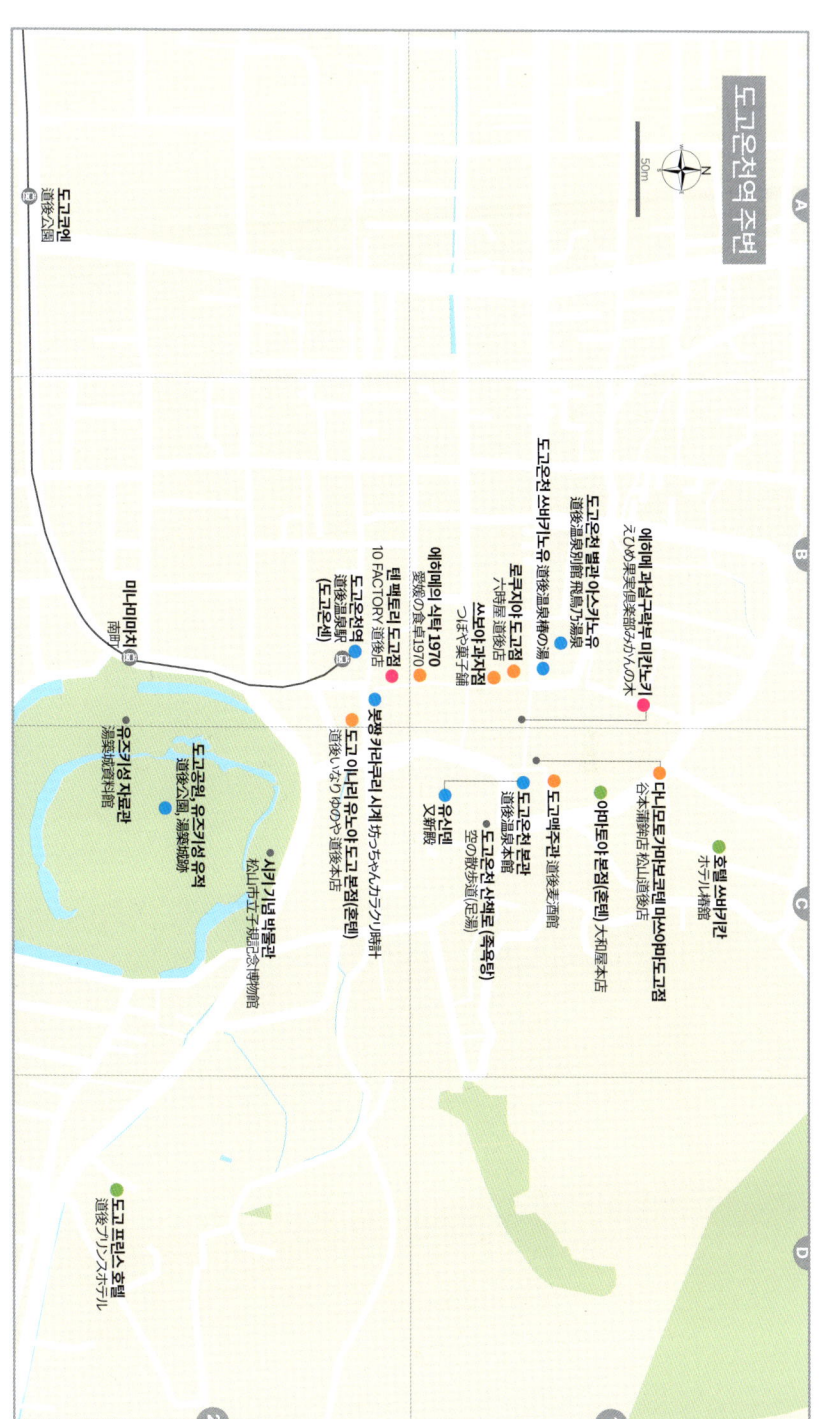

도고온천역 주변

50m

도고엔
遺後公園

도고온천 별관 아스카노유
遺後溫泉別館 飛鳥乃湯泉

도고온천 쓰바키노유
遺後溫泉椿の湯

에히메 과실구락부 미칸노키
えひめ果實俱樂部みかんの木

호텔 쓰바키칸
ホテル椿館

로쿠지야 도고점
六時屋 道後店

쓰보야 과자점
つぼや菓子鋪

에하메야의 식탁 1970
愛媛屋の食卓 1970

텐 푸쿠토리 도고점
10 FACTORY 遺後溫泉店

미나미마치
南町

도고온천역
道後溫泉駅

미나미마치 카라쿠리 시계
道後からくり時計

다니요 도가시마 미쓰에이도 도고점
谷本蒲鉾店 大和屋本店

아마토야 본점(혼점) 大和屋本店

유신덴
又新殿

도고온천 본관
遺後溫泉本館

도고온천 산책로 (족욕탕)
遺後溫泉足湯(足湯)

도고맥주관
遺後麥酒館

도고온천 산책로 (족욕탕)
空の散步道(足湯)

봇짱 카라쿠리 시계
道後いなりや遺後本店

도고 이나리야 도고 본점(혼점)
道後いなりや遺後本店

유즈키성 자료관
湯築城跡資料館

도고공원 유즈키성 유적
遺後公園, 湯築城跡

시키 기념 박물관
松山市立子規記念博物館

도고 프린스 호텔
遺後プリンスホテル

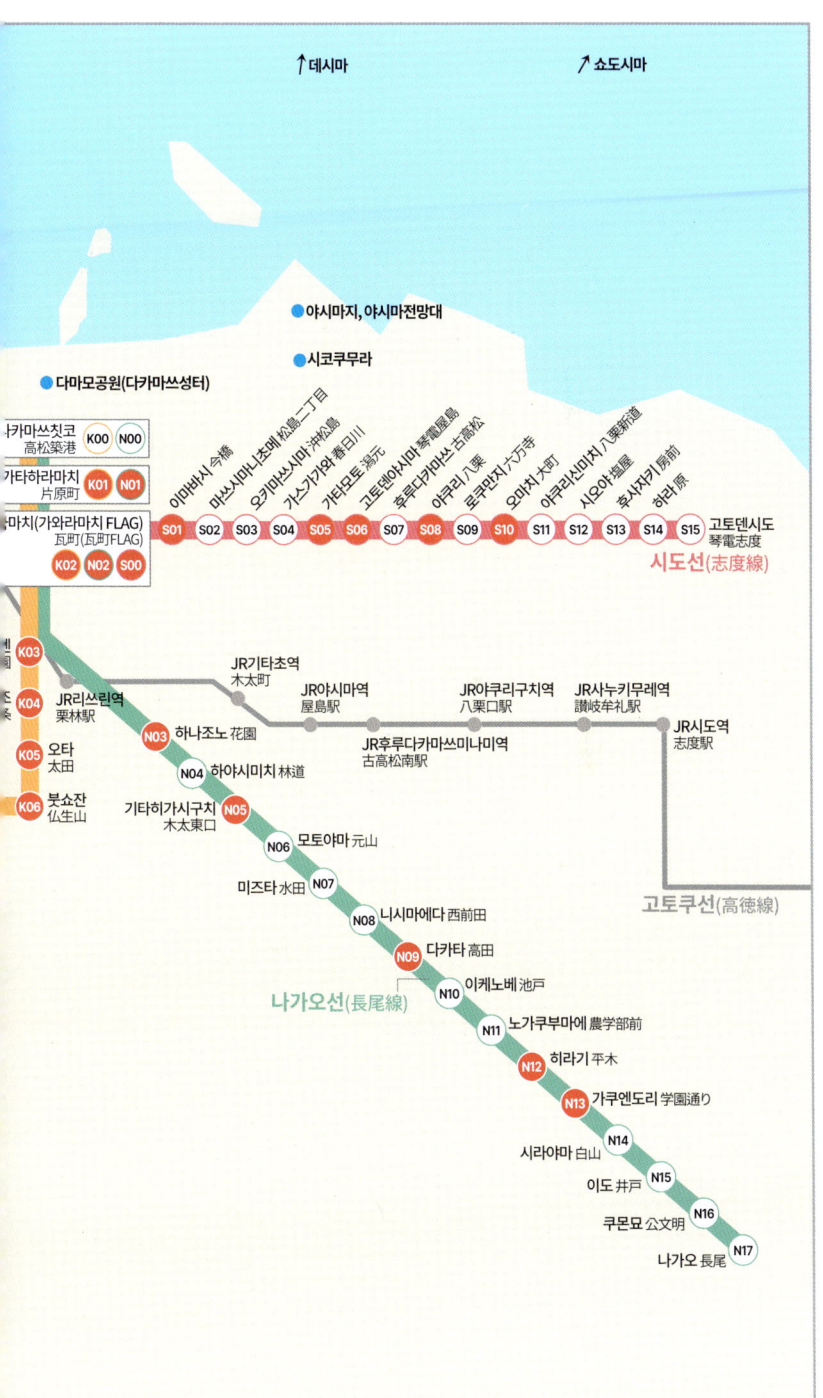

↑ 데시마

↗ 쇼도시마

● 야시마지, 야시마전망대

● 시코쿠무라

● 다마모공원(다카마쓰성터)

카마쓰칫코 高松築港 K00 N00

가타하라마치 片原町 K01 N01

마치(가와라마치 FLAG) 瓦町(瓦町FLAG) K02 N02 S00

이마바시 今橋 S01
마쓰시마니초메 松島二丁目 S02
오기마쓰시마 沖松島 S03
가스가가와 春日川 S04
가타모토 潟元 S05
고토덴야시마 琴電屋島 S06
후루다카마쓰 古高松 S07
야쿠리八栗 S08
로쿠만지六万寺 S09
오마치 大町 S10
야쿠리신미치 八栗新道 S11
시오야 塩屋 S12
후사자키 房前 S13
하라 原 S14
S15

고토덴시도 琴電志度

시도선(志度線)

K03

JR리쓰린역 栗林駅 K04

오타 太田 K05

붓쇼잔 仏生山 K06

JR기타초역 木太町

N03 하나조노 花園

N04 하야시미치 林道

기타히가시구치 木太東口 N05

N06 모토야마 元山

미즈타 水田 N07

N08 니시마에다 西前田

N09 다카타 高田

N10 이케노베 池戸

N11 노가쿠부마에 農学部前

N12 히라기 平木

N13 가쿠엔도리 学園通り

시라야마 白山 N14

이도 井戸 N15

쿠몬묘 公文明 N16

나가오 長尾 N17

나가오선(長尾線)

JR야시마역 屋島駅

JR후루다카마쓰미나미역 古高松南駅

JR야쿠리구치역 八栗口駅

JR사누키무레역 讃岐牟礼駅

JR시도역 志度駅

고토쿠선(高徳線)

마쓰야마 대중교통 노선도

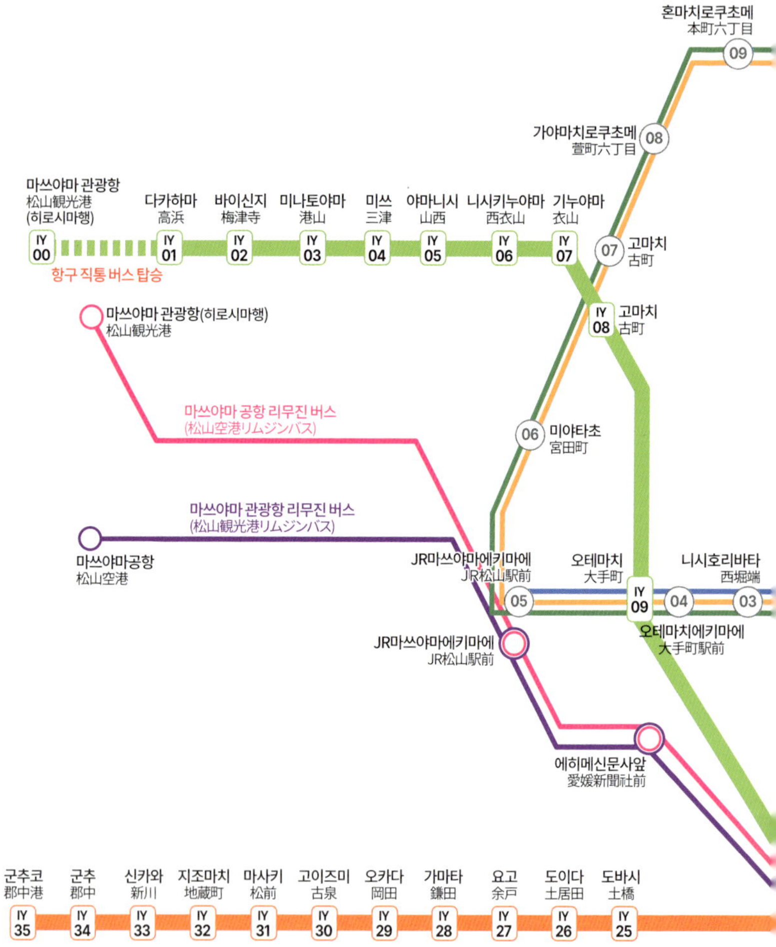

혼마치로쿠초메
本町六丁目
09

가야마치로쿠초메
萱町六丁目
08

마쓰야마 관광항
松山観光港
(히로시마행)
IY 00
다카하마
高浜
IY 01
바이신지
梅津寺
IY 02
미나토야마
港山
IY 03
미쓰
三津
IY 04
야마니시
山西
IY 05
니시키누야마
西衣山
IY 06
기누야마
衣山
IY 07

07 고마치
古町

항구 직통 버스 탑승

마쓰야마 관광항(히로시마행)
松山観光港

IY 08 고마치
古町

마쓰야마 공항 리무진 버스
(松山空港リムジンバス)

06 미야타초
宮田町

마쓰야마 관광항 리무진 버스
(松山観光港リムジンバス)

JR마쓰야마에키마에
JR松山駅前

오테마치
大手町
IY 09

니시호리바타
西堀端
IY 04 **IY 03**

마쓰야마공항
松山空港

05

JR마쓰야마에키마에
JR松山駅前

오테마치에키마에
大手町駅前

에히메신문사앞
愛媛新聞社前

군추코
郡中港
IY 35
군추
郡中
IY 34
신카와
新川
IY 33
지조마치
地蔵町
IY 32
마사키
松前
IY 31
고이즈미
古泉
IY 30
오카다
岡田
IY 29
가마타
鎌田
IY 28
요고
余戸
IY 27
도이다
土居田
IY 26
도바시
土橋
IY 25

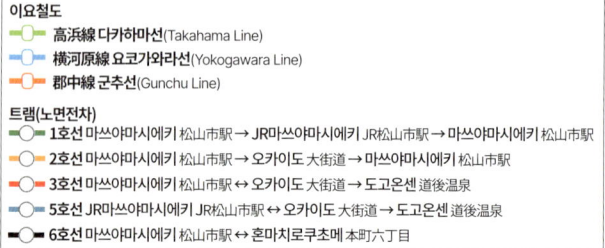

이요철도
— 高浜線 다카하마선(Takahama Line)
— 横河原線 요코가와라선(Yokogawara Line)
— 郡中線 군추선(Gunchu Line)

트램(노면전차)
— 1호선 마쓰야마시에키 松山市駅 → JR마쓰야마시에키 JR松山市駅 → 마쓰야마시에키 松山市駅
— 2호선 마쓰야마시에키 松山市駅 → 오카이도 大街道 → 마쓰야마시에키 松山市駅
— 3호선 마쓰야마시에키 松山市駅 → 오카이도 大街道 → 도고온센 道後温泉
— 5호선 JR마쓰야마시에키 JR松山市駅 ↔ 오카이도 大街道 → 도고온센 道後温泉
— 6호선 마쓰야마시에키 松山市駅 ↔ 혼마치로쿠초메 本町六丁目

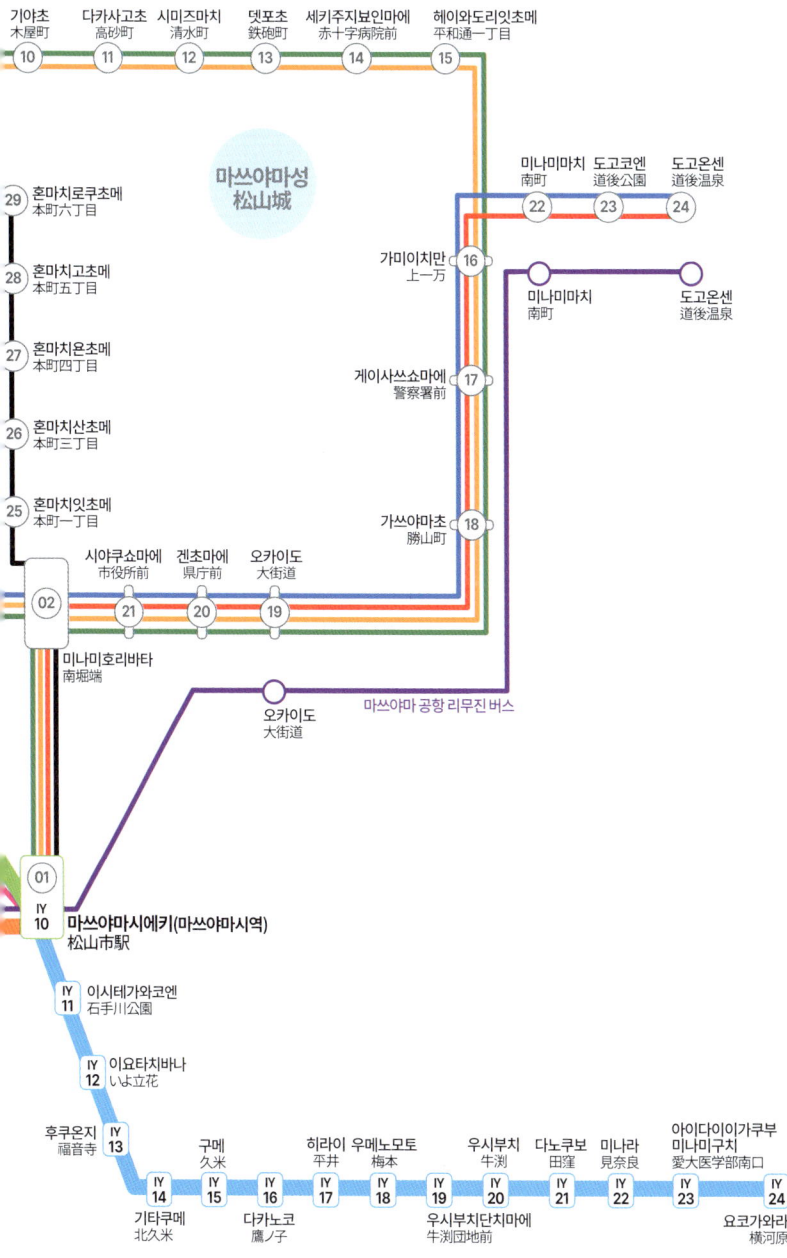

Index : 다카마쓰

📍관광

식당

쇼핑

숙소

Index : 마쓰야마

MEMO

놓치면 아쉬운
다카마쓰 · 마쓰야마 여행 필수템 모음.ZIP

에디터가 직접 다녀오고 검증한 투어·티켓만 골라 왔어요.
하나만 예약해도 여행 퀄리티가 달라집니다.

JR 올 시코쿠 레일 패스

시코쿠 섬 내 4개 현(가가와, 도쿠시마, 에히메,
고치) JR 보통 · 특급 열차를 무제한으로
탑승할 수 있는 패스예요.
p.36 (올 시코쿠 레일 패스 참고)

JR 가가와 미니레일&페리 패스

가가와현 내 JR 보통 · 특급 열차와 쇼도시마
올리브 버스 · 페리를 무제한으로 탑승할 수
있는 패스예요.
p.36 (가가와 미니 레일&페리 패스 참고)

가가와현 우동 택시

오직 마이리얼트립에서만!
현지 우동 전문 기사님과 함께하는 가가와현
우동 택시 투어예요. 우동의 본고장인 가가와
현에서 숨겨진 맛집을 제대로 즐겨보세요.
p.18 (다카마쓰 우동 투어 참고)

나오시마 워킹 투어

오직 마이리얼트립에서만!
일본 현지 도슨트와 함께 걸으며 예술의 섬,
나오시마의 역사와 로컬 맛집을 깊이 있게
탐험해보세요.
p.68 (나오시마 여행 정보 참고)

베스트 프렌즈와 마이리얼트립의 스마트한 여행 준비
필수 투어 · 티켓 5% 독자 전용 할인
QR 코드 스캔하면 쿠폰 페이지로 연결됩니다.

*유효기간: ~소진 시까지

𝓜yrealtrip
진짜 나다운 여행, Myrealtrip
누적 가입자 1,000만 명 이상의 국내 대표 여행 플랫폼

주소   서울특별시 서초구 강남대로 311, 18층(서초동, 한화생명보험빌딩)
홈페이지   https://www.myrealtrip.com/
대표번호   1670-8208
이메일   help@myrealtrip.com

베스트 프렌즈 시리즈 10

다카마쓰·마쓰야마

발행일 초판 1쇄 2026년 4월 3일

지은이 운민

발행인·대표이사 정제원
본부장 이정아
편집장 문주미
기획위원 박정호
마케팅 김주희, 한륜아, 이현지, 이나경
표지 디자인 변바희
내지 디자인 변바희, 김미연
지도 디자인 양재연
교정·교열 황인순

발행처 중앙일보에스(주)
주소 (03909) 서울시 마포구 상암산로 48-6
등록 2008년 1월 25일 제2014-000178호
문의 jbooks@joongang.co.kr
홈페이지 jbooks.joins.com
인스타그램 @friends_travelmate

ⓒ 운민, 2026

ISBN 978-89-278-8158-2 14980
ISBN 978-89-278-8157-5(세트)

중앙books는 중앙일보에스(주)의 단행본 출판 브랜드입니다.